JN149665

LE PETIT LIVRE DES PLANTES SAUVAGES

ちいさな手のひら事典

野に咲く草花

LE PETIT LIVRE DES PLANTES SAUVAGES

ちいさな手のひら事典

野に咲く草花

ミシェル・ボーヴェ 著

いぶきけい 翻訳

ANJOU
Coquelicot
Fleurs de France

目次

FLEURS DES ALPES
La Gentiane acaule

フランスの野にみられる草花

森、草原、流れる水の岸辺、崖や溝に沿った小道、山道を散策し、目を大きく開いて、ふだん気づくことのない世界を発見しましょう。自然界は、驚異や思いもよらぬ多様性や想像を超える秘密に満ちていて、揺籃期の地球の物語をいまだ伝えてくれます。それは野生の草花、野や山や土手や海岸に生育する植物の世界。この世界に入るには、しゃがむだけでOK……。

植物の名前

道行く先々で出会う、ときにひそやかに、ときにこれみよがしに咲く美しい花々は、マーガレット、アンジェリカ、カノコソウ、ワレモコウ。少女たちはこれらの花々をブーケにして、詩的な美しいオーラをまといます。マーガレットやアンジェリカは女の子の名前にもなっていますが、もっと下世話な名の植物もあります。たとえばタンポポは、フランス語では "pissenlit" で「おねしょ」の意。タンポポには利尿効果があることから、こんな名前がつきました。実際、植物の名前の由来は、多くの場合、とてもわかりやすいのです。例を挙げると、ヤグルマギクはフランス語で「ブルーエ(bleuet)」。かつて、青い花が麦畑の美しいアクセントになっていたことからつけられました。ただし、ミステリアスで、人をあざむく名前もあるので注意が必要です。たとえば、カノコソウ(フランス語：valeriane)の語源は、ラテン語の "*valere*"(「勇敢な」の意)だと書かれているのを目にしますが、おそらく古代ローマの町 "Valeria" から来ているのでしょう。し

Alchemilla alpina

かし、ドイツ語の“Baldrian(北欧神話の光の神バルドル)”を由来とする説もあります。

いくつも落とし穴があるものの、語源学は植物に関する情報を提供してわたしたちの興味を呼びさまし、魅惑の世界へ扉を開きます。たとえば、アンジェリカは、「天使(アンジュ)(フランス語：ange)の草」。実際、薬用植物の来歴を参照すると数えきれない効能が書かれています。また、ヤグルマギクのフランス語の別名“centaurée”からは、ギリシア神話でボイオティアの王の視力を取り戻したといわれるケンタウロス族の医師ケイロンが思い浮かびますが、実際この植物は、かつて眼の治療に用いられていました。

学名と通称

植物の分類上、ヤグルマギク族の学名は“*Centaurea*”。ご存じのように、18世紀スウェーデンの植物学者リンネ以降、ラテン語の(またはラテン語化した)属名と種名で種を定義するようになりました。これを二名法といいます。たとえば、セイヨウオダマキの学名は“*Aquilegia vulgaris*”で、北半球に生育する70を数える種を含むオダマキ属“*Aquilegia*”(「針」を意味する“aquila”が示唆されます)と、“*vulgaris*(「一般にみられる」の意)”で構成されています。つまり、セイヨウオダマキはフランスで最もよくみられる種ということです。けれども、植物学者が分類を変更した結果、学名が変わることがあります。当初、分類は具体的な類似に基づいて設定されましたが、19世紀のダーウィンの進化論、次いで系統に応じて生物を分類する20世紀の分岐学とともに大きく変わります。

今日、遺伝子分析により、種の近縁度に関する知識は驚異的な進歩を遂げました。フランス語では、ワスレナグサ属(*Myosotis*)のように学名と通称が合致する場合と、マツヨイセンノウ(学名:*Silene latifolia*、通称:compagnon blanc)のように異なる場合があります。しかし、多くの種は一般的な呼称以外に、地域または時代によって複数の名で呼ばれています。たとえば、ジギタリスは、指ぬき、聖母の手袋、処女の指、羊飼いの娘の手袋、革手袋、手袋屋、オオカミの尾。こうした呼び名は、多くの場合、具体的な特徴(ジギタリスの場合、花が手袋の指のようにみえます)や、開花時期(オトギリソウは、6月24日の洗礼者聖ヨハネの祝日のころに咲きます)、薬草としての効能、魔術との関連(魔術師の草こと、クマツヅラ)、生育地(アルニカ・モンタナ:「山のアルニカ」の意)を反映しています。

脅かされる生育地

フランスの野に咲く草花は、ごく一般的にみられるものでも生育地は限られ、どこにでも生えるわけではありません。通常、植物は、気候、土壌のタイプ、日当たり、標高などを特徴とする、生態学的に限られた地域に自生しています。たとえば、アルニカ・モンタナは、日当たりのよい、酸性寄りの、肥沃とはいえない標高600〜2800mの適度に湿った土地でみつけることができます。このように植物の種には、それぞれ生育する場所の割り当てがあり、競合する植物から自分の領地を守っているのです。ある種の植物が適した土地を占領していることは珍しくありません。このようにして、厳しい環境でも繁殖できる先駆植物*は、街なかの歩道や屋根の割れ目にまでおかまいなしに侵入します。植物相（フローラ）には、「庭型」と「都市型」があるのです。庭型の植物は野菜を栽培する畑や、手をかけた庭に気づかれないうちに進入しています。反対に、庭を逃れ、野に生えるようなった植物もたくさんあります。数世紀かけて繁茂するに至ったこれらの植物を「半自生化」しているといいます。最近では、世界各地から渡来した「侵略的」植物が在来種を脅かしています。

身近にみられる草花を危険にさらしているのはそれだけではありません。生育地の環境破壊、とりわけ農業とそのために利用される新技術、都市化の波、大規模工事によって多くの種が減少しています。地球温暖化もそのひとつで、心配はつのる一方です。フランスでは、多くの植物が国／地方レベルで保護の対象になっています。植物の世界は寛容で豊かであるようにみえて、実はきわめてもろいのです。森を散歩するときは、当然これを念頭に置いて、自然を尊重することはいうまでもありません。

* 裸地にいちはやく侵入して定着する植物。

アルケミラ・アルピナ

Alchemilla alpina

草丈が30cmを超えないこの小型の多年草*は、ヨーロッパの山地に生育しています。フランスやイタリアのアルプス山岳地帯のほか、フランスの中央山地（マシフ・サントラル）、ピレネー山脈、コルシカ島の標高1200mを超える日当たりのよい酸性寄りの土壌でみつかります。

アルケミラ・アルピナは放射状に分かれた丸い葉が花のようにみえることから、他のハゴロモグサ属（*Alchemilla*）、特に、フランスで聖母のマントと呼ばれるアルケミラ・モリス（*Alchemilla mollis*と区別するのは難しくありません。葉の裏側は光沢があって銀色をしているため、銀色のアルケミラとも呼ばれます。すべてのアルケミラは葉に露を弾く性質があり、その名は錬金術師（フランス語：alchimiste）を彷彿させます（錬金術師たちは、天の水である露を集めて賢者の石に変えたというではありませんか）。開花すると、他のハゴロモグサ属と同様、緑色を帯びた小さな花を球状に咲かせ、花びらはありません。同属の植物と同じように、アルケミラ・アルピナも長いあいだ傷薬として利用され、また、更年期の体をいたわってもくれます。今は、酸性の土壌に生える他の種とあわせてロックガーデンの装飾に用いられています。

＊2年以上同じ株から花を咲かせる植物。

ALCHEMILLA ALPINA
ALCHIMILLE DES ALPES

セイヨウノコギリソウ

Achillea millefolium

細かく裂けた葉を実際に数えてみることもできるでしょう。千とまではいかないものの、たくさんあることはたしかです。しかし、正確にいうと、これは一般にいう葉ではなく小葉と呼ばれるもので、それ自体さらに細かく分かれているため、過剰にある印象を与えるのでしょう。強い香りを放つこの植物は、ヨモギ属に近く、大工の草、指物師の草、兵士の草、軍人の草の別名があります(いずれの職業も、怪我をするリスクが高い点で共通しています)。切り傷の草とも呼ばれるノコギリソウはタンニンを多く含むため止血効果があり、伝説によると、ギリシアの英雄アキレスが初めてこの薬草を試してみたといいます。

フランスを含むヨーロッパ、アジアに共通してみられるこの多年草は、高さ20〜80cmで、野や森に自生しています。夏のあいだ、とりわけ鉱泉の近くで、平たく広がる白またはピンクの美しい花を咲かせます。観賞用植物として栽培されていますが、古代から薬用としても使用されてきました。イラクにある、ネアンデルタール人の墓にその痕跡が残っています。

Achillea tomentosa. Woolly Yellow Yarrow.

セイヨウオダマキ

Aquilegia vulgaris

オダマキといえば、メランコリー……。うつむき加減に咲く花からは、憂うつに打ちのめされた詩人の姿が思い浮かびます。ロマン派の芸術家たちにとって、オダマキは大切な花。ジェラール・ド・ネルヴァルは『エル・デスディチャド(不幸もの)』という詩で、この花について「すさんだ私の心に、これほどまでにいとおしい」と書きました。

この多年草のフランス語名は、ラテン語の“*aquilegia*”から派生していて、ワシ(花びらが猛禽類の爪を彷彿させるため)または水がめ(花の窪みに水がたまるため)を示唆しています。一般にみられるオダマキは、茎の高さが30〜90cmで、上部で枝分かれし、薄い葉と花をつけます。垂れ下がった円錐形の花びらは、多くの場合、青色です。ヨーロッパ産とアジア産があり、フランスでは、日陰になった牧草地や木がまばらになった森など、各地に自生しています。庭で栽培されることが多く、ガーデニング用のハイブリッド種と混同されることもしばしば。園芸植物の種はさまざまで、八重咲きもあります。

また、セイヨウオダマキは敬虔な心(聖母の手袋という別名はここから来ています)と、完璧な愛(おそらくネルヴァルも、これを念頭に置いていたのでしょう)の象徴。そのうえ、かつてセイヨウオダマキの種子には催淫作用があるとされ、植物全体に毒があるにもかかわらず、人びとはこの植物を口に含み噛んでいたものです。

Ancolie

ウッドアネモネ

Anemone nemorosa

大きな森や日陰になった場所に生えるウッドアネモネですが、実は太陽と特別な契約を結んでいます。年の初め、冬が終わる3月ごろ、日はまだ短いのですが、付近の木々にはまだ葉が出ていないため、ウッドアネモネは4月の開花に備えてじゅうぶんな光と熱を得ることができます。そのうえ、盃(さかずき)の形をした美しい大きめの花は、空の太陽のあとを追いかけているようではありませんか。ウッドアネモネの白やピンクや緋色の花は昆虫たちを引き寄せ、受粉を媒介してもらうのに好都合。受粉が成功して種子ができると、痩果(そうか)*から分泌されるオイルに惹かれ、今度は別の昆虫(アリ)がやって来て、種(たね)をばらまきます。

この多年草の葉は濃い緑で、深い切込みが入っていて、低い位置(約20cm)で群生し、太い根茎をつくります。定着するまでに時間を要しますが、最後にはカーペット状に広がり、花が咲くとみごとです。ウッドアネモネはフランス語で森のアネモネとも呼ばれ、涼しい日陰を好み、庭の装飾に用いられます。夏になると姿を消して、次の年までお休みです。

* 乾いた果実の一種で、果皮は硬くて裂開せず、なかに種子がひとつある。

L'ANÉMONE DES BOIS

セイヨウトウキ

Angelica archangelica

セイヨウトウキが天使の草と呼ばれているのは何故でしょうか？　ひとつには天にも昇らんかのようないい香りを放ち、ひと株あれば庭や流れる水の岸辺を芳香でじゅうぶん満たせることが挙げられます。また、フランス語のアンジェリカという美しい名は、大天使ラファエルによって明かされた魔法に由来します。なんでも、魔女を遠ざけ、呪いを祓ってくれるのだとか。かつては、ペストに罹った人を治す重要な薬効があるとされていました。数ある通称には、この植物の効用が反映されています（妖精の草、熱の草、精霊の根……）。

セイヨウトウキは北欧の植物ですが、山と地中海沿岸を除くフランス各地の川や水路の岸辺、涼しい草地に生えています。この美しい二年草*[1]は、幅広の葉に細かく切込みが入っていて、2年目には縦に溝の入った軸の先に、緑がかった白い大きな散形花序*[2]*[3]をつけます。料理用として（茎を製菓や糖菓に用います）、消化器系にはたらきかける強壮剤／刺激剤として、さまざまに用いられるセイヨウトウキは、庭で育てるのもよいでしょう。放っておいても、種子で増えます。

*1 種をまいたあと1年以上たってから開花し、2年以内に枯れる植物。

*2 花序：複数の花が集団をなしているもの。配列は植物の種類に応じて一定の型があり、これを花序型という。

*3 散形花序：花の軸の先がいくつかに枝分かれし，その先に花がひとつずつ咲く花序。

Angelica sylvestris.　　Wild Angelica.

ヨウシュツルキンバイ

Argentina anserina

学者が植物の分類を変更することは珍しくありません。それも、きわめて科学的な理由なので、素人は困ってしまいます。この植物はかつてキジムシロ属に分類され、“*Potentilla anserina*”と呼ばれていましたが、その後、新規の*Argentina*属に移されました。属名はこの植物のフランス語の呼び名“argentine”（葉の裏が銀色［フランス語：argent］をしているため）から来ています。そのほか、“リシェット（フランス語：richette）”という通称もあり、おそらく花の色が黄金を彷彿させることからも、富（フランス語：richesse）のイメージと結びついたのではないでしょうか。最も一般的な呼び名の“ansérine（ラテン語：*anserina*）”は、ガチョウ（ラテン語：*anser*）と関係があります。縁がギザギザでいくつもの小葉に分かれた葉が鳥の足を思わせるからでしょう。

この多年草は、ときに50cmを超える長い匍匐茎（ほふくけい）*1で地面を這うように広がります。草丈は20〜40cmになり、5月以降、葉の付け根から伸びる長い柄の先に直径2cmほどの単生*2の花を咲かせます。花びらは5枚で、がくの2倍の長さがあり、朝に花を開き、夜に閉じます。ヨーロッパ（中央および寒帯地域）、西アジア、北米の太平洋側でみられ、フランスでは南側を除く各地の溝や牧草地など、湿った場所に自生しています。

*1 茎の一種で、直立せずに地表面に沿うか、または地中を横に長く伸びるものをいう。

*2 チューリップのように、1本の草にひとつだけ花がつく植物。

POTENTILLA AUREA
POTENTILLE DORÉE
GOLDENES FÜNFFINGERKRAUT

アルニカ・モンタナ

Arnica montana

涼しくて日当たりのよい山の草原に自生しています。夏に金色の花を咲かせるので遠くからでもすぐにわかるうえ、さまざまな目的で役に立つことから、乱獲の憂き目に遭いました。実際、アルニカ・モンタナには傷口をふさぐ性質があるため薬草として重宝され、捻挫や打撲に効くと評判でした。フランスの植物相中、最もよく知られる薬草でしょう。酸性の腐植の進んだ土壌を好み、ピレネー山脈、モルヴァン※の丘陵地帯など、山地に広く自生しています。乱獲のせいで今日、絶滅の危険にさらされているのは、薬草としての効能だけでなく、羊の放牧、除草剤の散布などが原因です。

薬草としてだけでなく、嗅ぎタバコをつくるのに用いられてきたことから、アルニカ・モンタナ（山のアルニカ）は山の草、山のタバコ、ヴォージュのタバコとも呼ばれていますが、見た目にも美しいことは間違いありません。多年草で、明るい緑のロゼット[*1]状の根生葉（こんせいよう）[*2]の中央から高さ20〜40cmの軸が1本伸び、特徴的な香りのする直径6〜8cmほどの花を咲かせます。

※ ブルゴーニュ地方東部にある森林山地。

*1 植物の根生葉が地面に水平放射状に出て、全体がバラの花の形柄を呈するもの。

*2 植物の茎が極端に短いため、根または地下茎から直接出ているようにみえる葉。

マムシアルム

Arum maculatum

模様の入った大きな葉といい、くるんと巻いた花といい、ぎっしりとブドウ状に連なる鮮烈な赤い実といい、なんて魅惑的な植物でしょう。その生態も劣らず変わってはいますが……。道ばたや木がまばらに生えた森など、日の当たらない腐植の進んだ土壌であればフランスを含むヨーロッパで身近にみられ、庭にも進出しています。

しかし、この植物の受粉はなかなか巧妙です。マムシアルムは雄花と雌花が同じ株で咲きますが、自分で受粉するのではなく、昆虫(特にコバエ)の助けを借りる必要があります。マムシアルムには一種の発熱システムがあり、人間にとっては胸がむかつくような悪臭ですが、ハエなどの双翅目には魅惑的な匂いを発して昆虫を引き寄せるのです。

L'ARUM PIED-DE-VEAU

クルバマソウ

Galium odoratum

香りのよいこの美しい多年草は、かつて飲みものや料理の香りづけに用いられていました。しかし、ヨーロッパにバニラがもたらされたのを機に、明らかに人気が衰えます。地下の根茎から茎が何本も出て、20〜40cmの高さに生長し、茎はそのまま枝分かれすることなく、先端に小さな白い星型の花をつけます。花びらは4枚で、いい匂いのする花の群れをつくってミツバチを引き寄せます。長めの楕円形をした濃い緑の葉を、茎の周りに円を描くようにして段上に広げています。

フランスでは、香りのよいクルバマソウと呼ばれていますが、ほとんど匂いはありません。刈りたての干し草を思わせる芳香を放つのは、摘みとって乾燥させたあとのことで、これはクマリンが含まれているためです。ヨーロッパ、アジア、北アフリカが原産のクルバマソウは、フランス各地でみられ、特徴的な花の咲き方から星の草、美しい星とも呼ばれます。水はけのよい酸性寄りの土壌を好み、とりわけ涼しいブナの森によく生えています。地下茎が長く伸び、広い範囲にわたって群生します。庭に植えて育てることもあり、じゃまになるぐらい繁殖しますが、コントロールするのは難しくありません。

Aspérula odorata
Aspérule odorante
Ruwkruid
55

オニツリフネソウ

Impatiens glandulifera

この一年草はその美しさゆえに、ヨーロッパにもちこまれました。アジア原産で、ヒマラヤのツリフネソウとも呼ばれています。西洋では、1839年、英国王立植物園キュー・ガーデンで初めて種(たね)がまかれました。次いで、種子の独特な拡散方法により、旧大陸全域に広まります(莢(さや)が弾けて、種子が7m先まで飛び散ります)。

オニツリフネソウは美しいのですが、今日では侵略的植物のひとつに数えられます。高さ2mに達し、ヨーロッパ最大の一年草*であることから、見分けるのは簡単です。太い茎がまっすぐ伸びて、槍の形をした縁にギザギザのある美しい緑の葉を広げ、葉の付け根にピンク、白、紫、赤の花を咲かせます。急速に拡散し群生するため、在来の植物を脅かし、絶滅に追いこむ場合があります。とりわけ、黄色い花のキツリフネ(*Impatiens noli-tangere*)は斜面の土砂の流出を防ぐ一方、駆除の対象になっています。

* 種子をまいてから1年のうちに花が咲き、実をつけ、枯れる草花。

BALSAMINE

ゴボウ

Arctium lappa

ゴボウはまったく抜け目がありません！ 策をろうして、風を介さずとも種子を遠くまで至るところに拡散させるのですから。トゲのある実で通りがかった動物の毛皮、ときには人の服にこっそりくっついて、新天地を侵略するべく運んでもらうのです。紫の花は頭状花序*をつくり、その下に実のようなものをつくります。このような総苞（そうほう）は、アザミやアーティチョークにもみられます。

地方によって数えきれないほどの名称があり、バラエティに富んでいます。しらくも※の草（脱毛症に効果があるとされています）、ちくちくする草、大きな耳（子どもが傘の代わりに使えるような大きなハート型の葉をしています）……。少し苦いのですが、フランスでは葉を加熱して食べることも。根はアーティチョークに似た味がしますが、それもそのはず、ふたつの種は親戚なのです。ゴボウは二年草または多年草で、2mの高さに生長し、植込みに使ってもきれいです。昔から、薬草として皮膚の病気を治療するのに用いられてきました。また、スイスの工学者ジョルジュ・デ・メストラルは、1948年、ゴボウの総苞の小さなフックにインスピレーションを得て、ファスナーへの応用を思いついたのだそうです。

※ 頭皮にできる乾燥したうろこ状の斑状の脱毛。

* 花軸が茎の先端で幅広く広がり、そこにいくつもの花が並んでつく形式の花序型。

ベラドンナ

Atropa belladonna

ベラドンナとは、イタリア語で「美しい女性」……。素敵な名前ではありますが、通常の植物に想定される美の規範にはほど遠いのが実情です。ただ、ある種の魅力を隠しもっているのはたしかで、かつては美しいご婦人方に重宝されたものでした。16世紀、エレガントなイタリア女性は、ベラドンナの実から採った液を数滴目にさして、瞳が輝いて見えるようにし、ミステリアスなムードを演出していたのです。ところが、19世紀になると、歴史家ジュール・ミシュレが、それまで流布していたこの語源に異議を唱え、「美しいご婦人」とは魔女にほかならないと主張します。いずれにしろ、この風変わりな植物が魔法という武器を備えていることは間違いありません。それというのも、幻覚作用のあるこの植物を食した人は、吐き気とめまいに続いて深い眠りに陥り、大量に摂取した場合、永遠の眠りにつくおそれがあるからです。

ベラドンナは、比較的珍しい植物ではありますが、フランスのほぼ全域に自生しています。黒く輝く果実はみるからにおいしそうで、サクランボと間違えてしまいそう。そのため、子どもをはじめ、誤って食べる事故が相次いでいます。実に強い毒性があることから、怒りのサクランボ、悪魔のサクランボ、黒いボタン、死に至る悪魔の実といった詩的とはいいがたい名で呼ばれています。

DEADLY NIGHTSHADE or DWALE.

ゲウム・レプタンス

Geum reptans

ゲウム・レプタンスは、高山に自生しています。ダイコンソウ属の根はいい香りがするため、学名“*Geum*”は、「味つけする」を意味するギリシア語の動詞 “geuen” から派生したものと考えられます。フランス語名 “Benoîte alpestre” の起源は、おそらく聖ベネディクトゥス（saint Benoît）でしょう。この聖人に捧げられた薬草のセイヨウダイコンソウ（*Geum urbanum*）は、「ベネディクトソウ」と呼ばれているからです。

この多年草は、中央／南ヨーロッパの山岳地帯、なかでもアルプス山系が原産で、フランスでは標高2000mを超えるオート＝サヴォワ県からアルプ＝マリティーム県にかけて、アルプス山脈、北部のプレアルプスでみられます。酸性の土壌を好み、モレーン※や崖下に堆積した砂礫に自生し、生育地は限られますが、絶滅危惧種ではありません。

地面を這うように伸びる長い茎が特徴で、ときに1mを超えることも。そのため、フランスでは地面を這うダイコンソウと呼ばれています。緑のロゼット状に広がる根生葉から伸びた茎は、縁にギザギザのある小葉に分かれ、愛らしい単生の黄色い小花を咲かせます。花びらは6枚あり、種子ができるとピンク色の羽飾りを身につけます。同属のゲウム・モンタヌム（*Geum montanum*）と混同する心配はありません。よく似ていますが、地面を這う茎はゲウム・レプタンスに特有だからです。

※ 氷河によって運ばれ、堆積した土砂。

GEUM REPTANS
BENOÎTE ALPESTRE
SANKT BENEDIKTSKRAUT

ヤグルマギク

Centaurea cyanus

「さあ、さあ、お嬢さん。麦畑に咲くヤグルマギクを摘んでらっしゃい」と書いたのはフランスの詩人ヴィクトル・ユーゴーですが、限られた語数で夏の幸せな風景をみごとに描き出しています――輝く太陽の下、明るい色の服を着た少女が、笑いながら麦畑のあいだでヤグルマギクを摘んで、花束にしています。もちろん、少女の目の色はラピス・ラズリさながらの青……、人里に咲く花と同じ色です。昔むかし、人間が初めて大地に小麦の種（たね）をまいたときから、ヤグルマギクと麦はいつも一緒でした。しかし、除草剤の導入とともに別れが訪れ、ヤグルマギクは土手へ難を逃れたのでした。

夏空を映したかのような花を咲かせるヤグルマギクは、ヨーロッパ、アジア、北アフリカの原産で、乾燥気味の石ころ混じりの土地とおひさまが大好きです。ぴんと伸びた茎は華奢ですが、50cm超えの高さに生長します。縁にギザギザのある葉は、下のほうにしかつきません。ヤグルマギクの花は筒状の小花が集まってできていて、フリンジのついた苞葉（ほうよう）*に包まれ、内側にいくほど色あいが増し、紫に近くなります。フランスでは、短い毛のある実をつけることからひげのある花、目薬になることから眼鏡いらずとも呼ばれ、愛されてきました。しかし、今日では野生のヤグルマギクは珍しくなりましたので、ぜひ庭に種（たね）をまいて育ててください。

* 芽やつぼみを包んでいる特殊な形をした葉。

ビロードモウズイカ

Verbascum thapsus

ビロードモウズイカは、モウズイカ属の二年草。茎が一本まっすぐ伸びて、先に黄色い花を咲かせます。フランスでは、だれもが知っていて最もよくみられる植物です。西ヨーロッパから中国にかけて広範囲に自生し、フランス各地でも、海岸沿いから標高2000mに近い山に至るまで、水はけのよい乾燥した土地でみられます。園芸に関する古い文献では、ビロードモウズイカは雑草に分類されていました。放っておいてもどんどん増えるからでしょう。しかし、この植物にはとても気品があります。1年目、ビロードモウズイカは緑の美しい、綿毛に覆われたやわらかで幅広の葉をロゼット状に広げます。2年目、茎が伸びて段状に葉を広げ(上にいくほど、葉は小さくなります)、穂状に連なる花をばらばらに咲かせます。大聖堂のロウソクとも呼ばれるのは、ロウソクのようにすっくと立ち、炎のような黄色い花をつける外観だけではなく、かつて葉を落とした茎に松脂を塗って松明として用いていたことによるようです。

ビロードモウズイカは高さ2mに達し、夏に開花します。野に生えていても威厳がありますが、装飾用に庭に植えるのも良いでしょう。いちばんいいのは、ビロードモウズイカの好きにさせておくこと。自分の居場所は、だれよりも植物自身がよく知っているからです。

ルリジサ

Borago officinalis

ルリジサの葉を摘んで、食べてみてください。おいしくて、びっくり！　甘味があって、少しすっぱくて、ちょっとキュウリに似ていますが、もっとみずみずしくて……。この新鮮かつ繊細な風味ゆえ、ルリジサは野菜畑や家庭菜園で栽培され、サラダを華やかに彩ります（ちなみに、ルリジサは花も食べられます）。見た目にも美しく、山地や家庭のプランターでもみかけます。とはいえ、中央／南ヨーロッパによくある野草で、フランスの多くの地方、いくらか乾燥した道ばたや荒れ地に生えています。

ルリジサは一年草で、太い茎と、浮き彫り模様のある美しい緑が際立つ、楕円形で先の尖った大きな葉ですぐにわかります。花びらが5枚ある星型の花は小さなブーケをつくって咲き、ロイヤルブルーの色が目にまぶしいほど。ただし、牛の舌の別名をもつこの植物は、肝臓に害を及ぼしかねないアルカロイドを含むため注意が必要です。したがって、大量に食べるのは避けましょう。

BORAGE.

スズメノチャヒキ属
（アレチチャヒキ、ウマノチャヒキ）

Bromus arvensis, Bromus tectorum

スズメノチャヒキ属はイネ科の植物で穀類の仲間ですが、単に草と呼ばれがち。これらの植物は穂状か円錐形に花をつけるのが特徴です。この多年草または一年草には約50の種があり、地球上の温帯地域でみられますが、それぞれの種を見分けるのは容易ではありません。

畑に生えるアレチチャヒキ（*Bromus arvensis*）や、屋根に生えるウマノチャヒキ（*Bromus tectorum*）は、いずれもヨーロッパとアジアが原産の一年草で、地面の下で茎を伸ばす匍匐茎が特徴です。茎は直立し、20〜90cmの高さになり、群れになって生えています。アレチチャヒキの花序が紫色を帯びて、葉は硬いのに対して、ウマノチャヒキの花序は銀色で、葉はやわらかい点が異なります。フランスの多くの地方でアレチチャヒキは減少していますが、ウマノチャヒキはまったく異なる運命をたどります。雑草を抑制することから、エコロジカルな肥料や敷きわらとして利用されたのです。偶然にもちこまれた米国とカナダでは侵略的植物とみなされ、特に米国の穀物生産者はウマノチャヒキを排除するために大金を投じています。

53. B. *Bromus tectorum* L. A. *Bromus arvensis* L.

Dachtrespe. **Feldtrespe.**

ヒース
（エリカ・カルネア、ギョリュウモドキ、エリカ・キネレア）

Erica carnea, Calluna vulgaris, Erica cinerea

ヒースは小さな葉と花をつける亜低木および低木のひとつ。一般に、花はピンクまたは紫で、房をつくって咲きます。ギョリュウモドキ（*Calluna vulgaris*）は、小さな葉がうろこ状に重なっているので見分けがつきます。エリカ・カルネア（*Erica carnea*）とエリカ・キネレア（*Erica cinerea*）は海岸沿いの荒れ地に生え、小さい針のような葉をつけます。フランスで野生のエリカ・カルネアはとても珍しく、いくつかの地域では保護の対象です。

雪のヒースこと、エリカ・カルネアは、通常、ヨーロッパの山地に自生し、草丈は25cmと低く、茎は付け根から木化し、折れやすくなっています。葉は常緑で、冬から早春にかけてピンクの花をつけ、雪がまだ残っているころに花房をのぞかせ、長いあいだ咲いています。酸性の土壌を好む他の大半のヒースと違って、エリカ・カルネアは中性でも石灰質でも、水はけのよい土地であれば問題ありません。家の庭で広く栽培され、ほかに咲く花のない季節でも彩りを添えてくれるでしょう。

HEATHER.

ブリオニア

Bryonia dioica

キュウリやスイカと同じウリ科のつる植物。いずれも熱帯原産だと思われるかもしれませんが、ブリオニアは唯一フランスを含むヨーロッパの大半の地域に自生し、つるを果敢に伸ばしてやぶや茂み、生垣をよじ登っていきます。庭にも侵入し、多くの場合、雑草とみなされますが、庭を囲む金網やつる棚を覆い隠す装飾として役立つ一面も。茎は細くしなやかで巻きひげがあり、通常では考えられないような壁の窪みまでどこにでも入りこみ、切込みの入った大きめの緑の葉を美しいマントを広げたように茂らせます。春、通常5月から6月にかけて、星型の愛らしいきれいな花を咲かせたのち、目に鮮やかな赤い実を房状につけます。ただし、強い毒があるのが玉に瑕（きず）。特に赤い実は子どもが食べたがるので危険です。

この多年草は茎が4〜7mにも達し、フランスでは悪魔のカブと呼ばれていました。それというのも、マンドラゴラと同じく、太い根が魔術師たちに利用されたからです。

LA BRIONE

オノニス・スピノサ

Ononis spinosa

とげだらけの植物ですが、ロバの好物。ロバの歯と舌は、きっと頑丈なのでしょう。学名の“*Ononis*”は、ギリシア語の“onos（ロバ）”から来ているそうですが、たしかではありません。そもそも、マメ科のハリモクシュ属には、草食動物が食(は)むのにふさわしい草がもっとほかにあります。たとえば、オノニス・ミヌチシマ（*Ononis minutissima*）にとげはありません。地中海沿岸に自生していますが、南仏のプロヴァンス＝アルプ＝コート・ダジュールの地域などでは絶滅に瀕しています。

オノニス・スピノサは、フランス語で“bugrane epineuse”。“Bugrane”は後期ラテン語の“*bucranium*（牛の頭）”から来ていて、“epineuse”は「とげのある」の意味です。とげがあるうえに、鋤(すき)も歯が立たないほどとても深く根を張るため、牛止めとも呼ばれています。ヨーロッパの温帯地域、西アジア、北アフリカの原産で、フランス各地に自生していますが、イル＝ド＝フランス、ポワトゥー、オーヴェルニュ＝ローヌ＝アルプなどの地域では数が減少しています。日当たりのよい乾いた石灰質の土壌に生えるこの亜低木は、高さ30〜60cmに生長し、とげのある円筒形の茎に3つの小葉から成る葉をつけます。マメ科の典型的な花の多くはピンク色で、葉の付け根に小さなブーケをつくります。がっしりした根には鼻をつく匂いがありますが、昔から薬草として知られ、とりわけ結石に効き目があります。

Bugrane épineuse
Ononis spinosa L.

ローマンカモミール

Chamaemelum nobile

ハーブティーとしてよく知られるカモミール。お茶にするととてもおいしいので、食後に飲むのがお勧めですが、野に咲く花のシンプルな美しさも格別です。西ヨーロッパ原産で、東部と地中海沿岸を除き、フランスじゅうでみられます。水はけのよい土を好み、砂の多い芝地や池のほとりに自生しています。この多年草の根元は木質で、高さ30cmほどになり、灰色がかった葉は触れるといい匂いがします。花はマーガレットに似て、黄色い小花を舌状の白い花びらが取り巻いています。ときにまばらに、ときにぎっしりと密生して真夏に花を咲かせ、匂いと蜜に誘われて蜂や蝶が訪れます。1世紀ローマの大プリニウスは、リンゴの匂いがすると書きました。

ジャーマンカモミール（*Matricaria recutita*）やナツシロギク（*Tanacetum parthenium*）と間違えやすいのですが、単にカモミールといえば、ローマンカモミールのこと。学名の“*nobile*”はラテン語で「高貴な」または「有名な」を意味します。砂の多い乾いた土に植えて、緑の濃い美しい芝生の庭にすることもできます。定期的に刈って、花を咲かせないようにしましょう。

Compositae
(Anthemideae)

Anthemis nobilis L.

カルダミネ・ブルビフェラ

Cardamine bulbifera

この植物は、かつて*Dentaria*属に分類されていました。根が白いうろこで覆われていて、まるで歯(フランス語：dent)のようにみえるからです。今日では、ギリシア語の“kardamon”を語源とする*Cardamine*属と呼ばれるようになりました。同属の植物は基本的に食べることができ、ミチタネツケバナ(*Cardamine hirsuta*)もそのひとつです。カルダミネ・ブルビフェラも例外ではなく、葉を食します。フランスではムカゴのできる草とも呼ばれ、葉もムカゴもコショウのようなピリッとした味がして、種子によっても葉の付け根にできるムカゴによっても繁殖します。

30〜60cmの高さに生長するこの多年草は、楕円形で先の尖った小葉をつけ、多くの場合、ピンクがかった白い花びらが4枚ある愛らしい小さな花を咲かせます。ヨーロッパと西アジアの原産で、フランスではロワール川流域北部などいくつかの地方に自生していますが、保護の対象です。石灰質の土壌を好み、とりわけブナなどの涼しい広葉樹の森に生えています。

271. *Dontaria bulbifera L.* Zwiebeltragende Zahnwurz.

チャボアザミ

Carlina acaulis

チャボアザミは、いわば「羊飼いのバロメータ」。雨の日には閉じ、おひさまが照ると開く性質があるからです。羊を飼う牧草地や山小屋に植えて、彩りを添えるのはそのためかもしれません。実際、この植物はとても美しく独特で、はっとさせられます。フランスでは "cardabelle"、"chardonnette" などの別名で呼ばれており、いずれもアザミ(フランス語：chardon)から派生しています。地面付近のロゼット状の葉には深い切込みととげがあり、アザミの葉によく似ているからです。銀色を帯びた白またはクリーム色の花は、直径6〜12cmの大きな頭状花序をつくり、ロゼット状の葉のすぐ上に咲きます(学名の "acaulis" は、この花の形状のとおり、「茎がない」ことを意味します)。花が終わると、球状のやわらかい痩果ができます。

チャボアザミは南／中央ヨーロッパ原産の二年草で、フランスでは標高1500mまでの山地に自生していますが、今日では野生種は珍しく、保護の対象になるケースが増えています。食用として食べる芯はアーティチョークより繊細な味がすると評判でしたので、一時は乱獲されました。さらに、昔から薬用として傷口をふさいで消毒する効能があるとされ、今なお製薬に用いられています(カルリナ・アカウリス)。

FLEURS DES ALPES

La Carline acaule

ヨウシュトリカブト

Aconitum napellus

美しい植物であることに異論はありません。フランスの植物相のなかでも、最高に美しいといってよいでしょう。草丈は1.5m以上に達し、夏の初めに紫がかった深い青色の輝かんばかりの花をたくさん咲かせます。花の形は独特で、葉が変形したがくの1枚がほかのがくに兜(かぶと)のように覆われています。フランスでの通称「ユピテルの兜」はここから来ていて、同じ理由でフード、憲兵の縁なし帽、マリアさまのスリッパ(フードというより、上履きに近いからでしょうか)とも呼ばれています。

天然産は比較的珍しいのですが(丘や低い山でみられます)、このヨウシュトリカブトは、もっと恐ろしい通称、狼殺しと呼ばれていることをご存じでしょうか？ この植物には、それほどまでに強い毒性があるのです！ この庭のトリカブトは毒性があるどころか、フランスで最強の毒を誇る猛毒植物。強力なアルカロイドを含み、葉を数グラム摂取しただけで死に至ります。美しいことはたしかですが、庭で栽培するのは避けたほうがよいでしょう。かつて、根を肉に混ぜて狼を殺す餌にしていたものです。腹を空かせた狼よりも危険極まりない狼男(ルー・ガルー)を追い払うともいわれています。

GENRE DES RENONCULACÉES
ACONITUM NAPELLUS

クサノオウ

Chelidonium majus

家に庭があれば、ちょっと背を向けている隙に、壁の陰に隠れて、堆積した石の上にクサノオウが生えていることでしょう。4枚ある花びらは輝かんばかりの黄色で、花が終わるとカプセル状の実をつけます。この実が小さな種(たね)を大量にばらまき、実際、この植物はどこにでもみられます。北部を除く全ヨーロッパとフランス全域で、岩の斜面、瓦礫の山、石ころだらけの土地や道ばたに自生し、どちらかいうと日の当たらない涼しい場所がお好みです。監視の目をくぐって、テラスに置いた植木鉢に忍びこむこともありますが、恨む気にはなれません、なにしろ、とてもつつましく控えめなのですから。茎を切ったときに出る黄色い乳汁は、いぼを治すのに効果があるとされ、フランスでは通称いぼの草と呼ばれています。粘性の液は食べると毒性を発揮しますが、臭い匂いがするので甘いシロップと勘違いしてなめる心配はありません。

クサノオウの語源がギリシア語の“chéridon(ツバメ)”から来ているのには理由があります。ツバメの飛来とこの植物の開花時期が一致しているからです。伝説の域を超えませんが、かつて、ツバメはクサノオウの乳汁でヒナの目を開けていたと伝えられています。

CHELIDONIUM MAJUS. L. ЧИСТОТѢЛЪ

シバムギ

Elymus repens

侵略者であり、植民地の徹底した支配者です。空中から風に乗って種子をばらまき、地上および地下から匍匐茎や密生した根茎で広がり、あらゆる方向に領土を拡大します。シバムギのネットワークは恐ろしいほどで、牧草地1m²につき3kgもの根茎を広げ、至るところで同時に生えてきます。園芸家や農家はターゲットを絞った除草剤を使い、この植物と長年の抗争を繰り広げてきましたが、努力は報われず、絶滅リストに掲載されるにはほど遠いのが現状です。

ヨーロッパでは例外なくすべての国で、シバムギは犬の歯と呼ばれています。尖った葉の先が動物の牙のようにみえる、犬が下剤代わりにまたは歯を研ぐためにこの草に何度も噛みつくなどがその理由です。牡猫も同じように噛みつくので、猫の歯と呼ばれても不思議ではありません。

とはいえ、シバムギが生い茂っているさまは見た目に悪くありません。草丈はおよそ1mに達し、すらりと伸びた穂が風にそよぐ姿はイネ科の植物に特有で、間違いなく気品があります。

ドクニンジン

Conium maculatum

毒のある植物といえば、ドクニンジン。古代エジプト人はこの植物の特性をすでに知っていて、それを利用していました。ソクラテスの死についてプラトンが書いた『パイドン』をはじめ、古代ギリシア以来、文献にも多数引用されています。

ドクニンジン属には多くの種が存在します。ソクラテスを死に至らしめたことで名高いのは、フランスで大きなドクニンジンと呼ばれる“*Conium maculatum*”。草丈が2mに達する二年草です。小さなドクニンジンこと、“*Aethusa cynapium*”は一年草で、草丈は20〜60cmほどですが、大きさ以外はよく似ています。他方、ドクゼリは、葉が細かく分かれていません。

ドクニンジンの毒性は、ヒトの場合、めまい、頭痛、進行性麻痺など、さまざまな症状となってあらわれ、死に至ることも。昔の文献には幻覚を引き起こすとあり、ときに悲劇的な、ときに滑稽なエピソードが語られています。たとえば、ドクニンジンをチャービルと間違えて食べたふたりの僧は、自分がアヒルになったと思いこんで池に飛びこみ、危うく溺れるところだったとか……笑いごとではありません！

ドクニンジンはヨーロッパ、北アフリカ、西アジアの原産で、フランスでは道ばたや瓦礫や生垣など、至るところに自生しています。堂々としたたたずまいのこの美しい植物は、なかが空洞の茎がすっくと立ち、葉が細かくレース状に分かれ、セリ科の植物特有の白い大きな花序をつけます。

CIGUË
GENRE DES OMBELLIFÈRES

クレマチス・ヴィタルバ

Clematis vitalba

クレマチス・ヴィタルバは、クリーム色の羽毛飾りのついた実がとりわけ目を引き、光沢のある長い羽根は、秋から冬の大半にかけて目を楽しませてくれます。このつる植物はじょうぶで繁殖力が強いため、侵略種になりがち。フランスではあちらでもこちらでも、木がまばらになった森や道ばた、雑木林、やぶ、茨の荒れ地、牧草地や庭の生垣等々、地方によっては大量に生えています。茎の根元は木質で、大木に攻撃をしかけて25mの高さに至ることもあるとか。先の尖った楕円形の小葉3〜7枚から成る葉は冬に落ちますが、柄の部分であらゆるものに巻きつきます。中央で雄しべが大きな束をつくっている白い小さな花はめだちませんが、円錐形の花序をつくり、夜、かすかに芳香を放ちます。そうすると、蝶をはじめとするさまざまな昆虫がこの花を訪れるのです。

この植物には、物乞いの草の別名があります。それというのも、クレマチスの葉が皮膚の病気を引き起こすことを利用し、物乞いがわざと赤い斑点を生じさせて、人びとの同情を引こうとしたためです。

CLEMATIS VITALBA
CLÉMATITE DES HAIES
NIELE

イヌサフラン

Colchicum autumnale

フランスの唄にあるように、イヌサフランは夏の終わりに草原で咲きます。学名の“*Colchicum autumnale*”は「秋のイヌサフラン」の意味で、まさに秋の花といえるでしょう。フランスでは、ブルターニュとピレネー山脈を除く各地でみられるものの、比較的珍しく、多くは保護の対象になっています。涼しい牧草地に自生し、水はけのよい酸性寄りの土壌を好む傾向があります。球根植物で、春にチューリップのような長い葉が出て、夏の終わりから秋に花を咲かせるのが特徴です。葉の上に直接、美しい花びらを広げるので、あたかもだれかが地面に花を置き忘れたかのようにみえます。じょうご状の花は紫がかった明るいピンク色。首のところが白く、雄しべの先に花粉が入った黄色い袋(葯(やく))があります。

イヌサフランには毒があり、人間も動物も注意が必要です。まさに、アポリネールの書いた詩のとおり——「秋の牧場は美しいけれど毒がある／草を食む牝牛は／いずれ毒にあたる」。この植物が犬殺しや狼殺しと呼ばれているのはそのためです。イヌサフラン属の花はとても美しいので、庭に植えてもよいのですが、扱うときには注意してください。

LA COLCHIQUE

マツヨイセンノウ

Silene latifolia

マツヨイセンノウの花の白さは、月から来た証しでしょうか？いずれにせよ、この花が開くのは夜。日中はじっとしていて、夜が更けると香りを放ち、蛾などの昆虫が蜜を吸いにやってきます。学名は*Silene latifolia*または*Melandrium album*で、温帯地域では多年草ですが、スカンジナビアのような寒いところでは二年草だったり一年草だったり。花が終わると、葉の付け根にロゼット状の小さな根生葉ができ、春に生長します。毛が密生した楕円形の葉のあいだから茎が直立し、40〜70cmの高さになります。白い花には、切込みの入った花びらが5枚と、風船のようにふくらんだ筒状のがくがあります。がくの形状からマツヨイセンノウは「大きなお腹」とも呼ばれ、乾燥させると笛のような音が出ます。このがく筒はシレネ属（*Silene*）に特有で、属名はギリシア神話に登場する山野の精、太鼓腹をしたシレノスを彷彿させます。

マツヨイセンノウには雄株と雌株があり、雄株には花の中央に束になった雄しべがありますが、雌株にはありません。フランス全土を含むヨーロッパの温帯地域に分布し、道ばたや荒れ地や水の流れに沿った岸辺でみられます。

Compagnon blanc

ヒナゲシ

Papaver rhoeas

農民が畑に大量の殺虫剤をまき散らすようになる以前、フランスの詩人ロベール・デスノスは「麦畑は、頭にヒナゲシの帽章をつけている」と書きました。また、画家クロード・モネは有名な『アルジャントゥイユのひなげし』を描き、ヴィクトル・ユーゴーの言葉に従えば、帽子を被った女性は「赤く燃えるヒナゲシ」のような赤い花の海にほとんど溶けこんでいるかのよう。

この一年草が、まるで小麦の刈り入れを見守るかのように人里近くに生えているのは何故でしょうか？　それは、大量につくられるヒナゲシの種子が地表から15mm以上の深さでは発芽できないからです。ヒナゲシが掘り返されたばかりの土地にこぞって咲くのはそのためで、深いところに埋もれても、鋤の歯が種子を表面近くまで運んでくれます。また、最近建てられたお墓の上にもみられることから、英国ではヒナゲシといえば第一次世界大戦による死者の象徴でした。

この一年草のケシは、ヨーロッパ、アジア、北アフリカの原産で、フランス全域に自生していますが、減少傾向にあります。まっすぐ伸びた茎が枝分かれして、高さ20～60cmに生長し、単生の花をつけます。フランスでヒナゲシの色と呼ばれる鮮やかな赤の花びらは、まるで紙でできているかのよう。ギョーム・アポリネールの詩にあるように、「ヒナゲシは、しおれるときには紫色を帯びる」のです。

LE COQUELICOT

シクラメン・プルプラセンス

Cyclamen purpurascens

生育条件がお気に召しても、ヨーロッパのシクラメンこと、シクラメン・プルプラセンスが夏、さまざまな色あいのピンクの花を、あたり一面に咲かせるようになるには長い、とても長い時間が必要です。自生地は、粘土質の土、水はけのよさ、適度に日陰になった涼しい場所などの条件を兼ね備えている必要があります。この山の植物は、フランスではドーフィネ、サヴォワ、ジュラ山脈、アルデシュなどの地域で、木がまばらになった森や日の当たらない岩の多い土地にみられますが、今日ではすっかり珍しくなり、多くが保護の対象です。ヨーロッパでは、南部と東部の山地に自生しています。

大きくて丸い塊茎*はイノシシの好物で、豚のパンの別名がありますが、人間には有毒です。草丈が10cmを超えることは少なく、花も葉もこの塊茎から直接、同時に出ます。厚みのある葉は心臓または腎臓の形をしていて、緑の地に白い模様が入り、裏は紫がかっています。チューブ状の花は、明るめのピンク色をした花びらが反りかえり、いくらか芳香があります。しおれるときは、花を支える柄の部分がくるくる巻いて、種子の入った小さな丸い実ができますが、この種子は熟すまでに1年もかかるのです。

* 地下茎が肥大し、養分をたくわえて塊状になったもの。

FLEURS DES ALPES
Le Cyclamen d'Europe

ジギタリス・プルプレア

Digitalis purpurea

ジギタリスのなかでも、最も大きく最も広範にみられるジギタリス・プルプレアは、コルシカ島を含むフランス各地に自生しています（ただし、地中海沿岸は例外）。丈の高い直立したシルエットは、フランス人にはおなじみのことでしょう。木がまばらになった森、林の周縁、牧草地だけでなく、今日では高速道路の脇にも群生し、燭台を思わせる紫がかったピンク色の花は、まるで車のレースを観戦する観客のようにみえます。ジギタリスは多年草ですが、暑さに弱く夏に枯れることが多いため二年草として扱われることも。最初の年、ジギタリスは幅広の葉をロゼット状に広げ、2年目になると一群の茎が伸びて1.5mの高さに生長します。葉は下のほうに茂り、花は下から順に咲きます。筒状に長く伸びた花は、指を入れることができそうです（学名の“*Digitalis*”はここから派生しています*）。同じ理由で、この植物はほかにも詩的な名前（聖母の手袋、聖処女の指、羊飼いの娘の手袋など）でさまざまに呼ばれています。

ジギタリス・プルプレアは有毒で、葉に触れると皮膚に炎症を起こす場合がありますが、反対に効能もあります。18世紀、英国の医師ウィリアム・ウィザリングは、ジギタリスの強心利尿剤としての効能を発見しました。

* ラテン語で「指」は“digitus”。

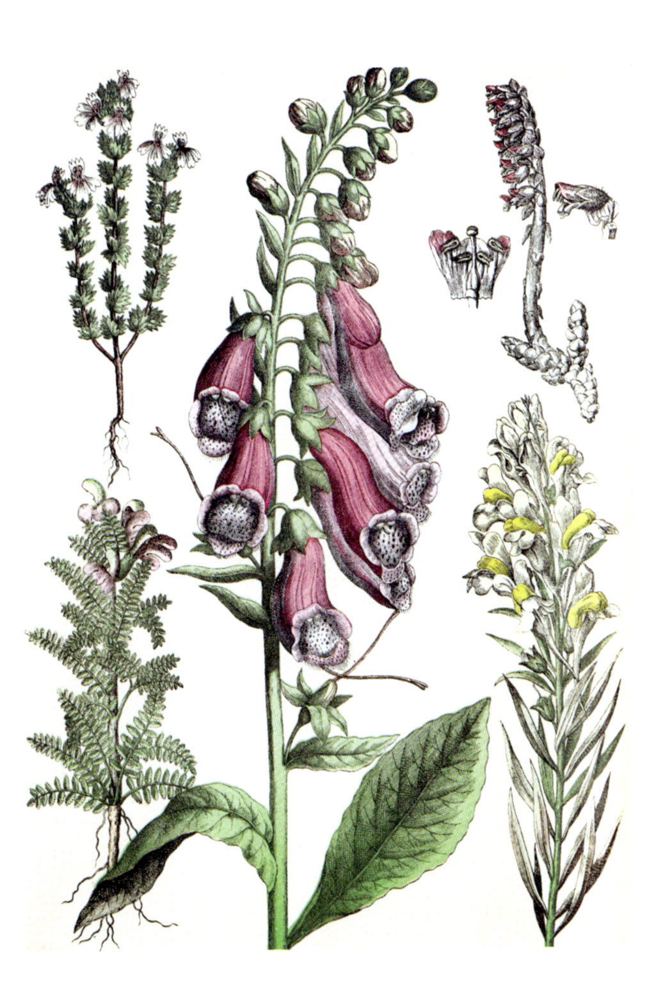

ズルカマラ

Solanum dulcamara

ズルカマラの実は特別です。牛、馬、犬、狐などの哺乳類（人間も含まれます）にとっては論外ですが、鳥類はOK。お腹いっぱいになるまで、赤くて美しい果実をお望みのままに提供してくれます。実際、多年草のつる植物ズルカマラは、哺乳類にとっては有毒ですが、シジュウカラ、ムクドリ、アトリ、ウソなどの鳥たちには問題ありません。これは種子の散布戦略によるものです。哺乳類には種子を噛みくだく恐ろしい歯と長い腸があるのに対し、鳥類のくちばしはなめらかで腸は短いため、種子は元の植物が生えていたところからはるか遠く、世界じゅう至るところに無事到着することができるのです。

ツルナスこと、ズルカマラの実は、子どもたちの目には魅力的ですが、大変危険です。ヨーロッパと西アジアに自生し、フランスではとりわけ涼しい下草のあいだや垣根、やぶなど、各地でみられます。つるは長さ4mに達し、葉は幅が広く、小さな紫の花を咲かせます。房状になる実は、最初、鮮やかな緑色をしていますが、その後、輝く赤色に。知らないうちに庭に生えていた場合、軽率にも金網に巻きつかせて装飾に用いるケースをみかけます。

LA DOUCE AMÈRE

チョウノスケソウ

Dryas octopetala

フランス語の呼び名、花びらが8枚あるドリュアデスは、ギリシア神話に登場するミステリアスで、人を寄せつけない森の精霊の名前が由来です。精霊は樫の木によく棲んでいるため、フランスでは小さな樫の木さんの愛称でも呼ばれています。

チョウノスケソウの花は、まさに山の美女の名に値します。単生で咲く直径3cmほどの花は、輝かんばかりに白く、中央で雄しべが大きな束をつくっています。夏、山の斜面になった石灰質の草地に、フランス語の通称のとおり8枚の花びらを開いているのが遠くからよく認められます。草丈は10〜15cmで、木質化した枝を四方に這わせ、楕円形の常緑の葉をロゼット状に広げます。葉の縁には切込みが入っていて、裏には白い毛が密生しています。

チョウノスケソウは北欧までのヨーロッパの山地とシベリアまでのアジアに分布し、フランスでは標高1100〜2500mまでのアルプス山脈、ピレネー山脈、中央山地でみられます。2004年には、そのまばゆい美しさゆえにアイスランドの国花になりました(アイスランド名：ホルタソーレイ)。しかし、当のアイスランドでこの花には忌まわしい伝説があり、「盗人の根」の別名もあります。それというのも、チョウノスケソウは処刑台の下に生えるといわれているからです。

DRYAS OCTOPETALA
DRYADE
STEICHRÜCHERE

ホソムギ

Lolium perenne

イネ科の多年草ホソムギは、ペレニアルライグラスの名でも知られています。踏みつけに強いことから、おもに造園や運動場の芝草として使用され、定期的に刈りこむと密生し、緻密な芝生になります。温帯地域では、一年を通じて緑の葉を保ちます。

ギリシアからスカンジナビア、西から東に至るヨーロッパ全域、西アジア、北アフリカに自生し、アメリカなど世界じゅうで導入されています。フランスでも、道ばたや畑の周辺、牧草地など、各地でみられます。放牧地ではクローバーと組み合わされることが多く、土質を選ばず、家畜の好物であることから、痩せた土地によく植えられます。ただし、硬くなるので、開花する前に刈る必要があります。根元から何本も茎が出て束をつくり、30〜60cmの高さに生長します。茎はぴんと立ち、最初、縦に折りたたまれていた葉が、そのうち平らで滑らかになります。通常、5月から6月に開花し、およそ25cmの緑の穂状に花がつきます。

La Fausse Ivraie
LES BONS GRAINS

ラッパズイセン

Narcissus pseudonarcissus

この美しい花は、すべてがまがいものなのでしょうか？　ユダが着ていた服が黄色だったことから、フランスで黄色は裏切りのイメージがつきものです。さらに、ラッパズイセンの学名の“*pseudonarcissus*”は、「偽」を意味するギリシア語“pseudo”から派生し、この植物のフランス語の呼び名は「まやかしのスイセン」。ほんものは、クチベニズイセン（*Narcissus poeticus*）です。フランス北部／東部やベルギーでは「ジョンキーユ（jonquille）」と呼ばれることが多いのですが、これまた真正の“*Narcissus jonquilla*”は、フランス南部／西部に生える、かぐわしい香りを放つキズイセンとして別に存在します。

とはいえ、ラッパズイセンが魅力にあふれていることは間違いありません。春、木のまばらになった森や牧草地に群れなす黄色い花を目にすると、心が浮き立ちます。フランスを含むヨーロッパの大半の地域に自生していますが、群生するには時間を要します。印象的な黄色にちなんで、黄色いナルシスとも呼ばれることも。束になった線形の葉のあいだから、高さ30cmほどの茎が伸び、2色の花をつけます（中央とラッパ状の部分は鮮やかな黄色、外側の花びらは色が薄くなり、ほとんど白に近くなることも）。庭に植えれば自然に定着しますが、ほかのスイセン属と同様、全体に毒があるので注意が必要です。春には花束にして楽しみますが、多くの地方で数が減っていますので、野生種は摘まないようにしてください。

LE
FAUX NARCISSE

フェンネル

Foeniculum vulgare

南仏プロヴァンスの香りでしょうか？　間違いではないのですが、南仏とは限りません。西海岸の波が打ち寄せる岩場でも、ブルターニュの高地でも、軽やかに風に揺れる、背の高いフェンネルの気品ある姿がみられます。実際、学名の“*vulgare*”（「ありふれた」の意）が示すとおり、この多年草は、フランス全域にごく普通に生えています。痩せていようが石灰質であろうが、どんなタイプの土にも順応できるのです。

しかし、フェンネルのまったく特殊な点は、魅惑の強い香りと風味。最高のスパイスで、とりわけ魚料理によく合います。さらに、はるか昔にさかのぼる心躍る物語をご存じでしょうか——ギリシア神話の神プロメテウスは、天から盗んだ火をフェンネルの茎のなかに隠して下界に持ち帰ったため、岩に磔（はりつけ）にされたのでした。また、魔法の力もあります。伝えられるところによると、鍵穴にフェンネルの種子を詰めておくと、錠前をこじ開けようとする泥棒を封じてくれるのだそうです。

とはいえ、この多年草の真の魔法は、2.5mに及ぶ草丈、青みがかった緑のごく細い葉、黄色い傘を広げたような花にあるのではないでしょうか。野生種といえども、その姿はエレガントの極みで、夏に花を咲かせる他の灌木とともに庭に植えるとさらに映えます。

Fœniculum vulgare.   Common Fennel.

ヒメリュウキンカ

Ficaria verna

冬が終わって初めての暖かな春の日、野の草花は目を覚まして、いっせいに芽吹きます。それなのに、ヒメリュウキンカときたら……、気温がぐんぐん上がってもまだ眠ったまま！

森の下草のあいだや牧草地に生えるこの小さな草は、植物界の反逆児。その生物学上のサイクルはとても変わっています。なにしろ、秋、氷霧の降りる11月ごろにようやく芽を出し、ハート型のかわいらしい葉を広げるのですから。冬のあいだ、ヒメリュウキンカは太い根に貯めたエネルギーを使って大きくなります。厳寒期が終わりを告げるころにはじゅうぶん生長し、次の年に備えて再び地下に貯蔵根をつくるのです。

春、ヒメリュウキンカは黄金に輝く黄色の愛らしい花をたくさん咲かせます。花びらは10枚あり、中央で雄しべが束になっています。種子による有性生殖だけでなく、葉の付け根にできるムカゴ（無性芽）により雌株をつくって増えるところが、ヒメリュウキンカの慎重さといえるでしょうか。小さくても強い繁殖力を誇り、群生するため（そのうえ、有害！）、園芸家からは侵略植物とみなされます。そうして、ひとたび種子ができると茎と葉は姿を消し、塊茎の姿で夏を越すのです。

FICAIRE

セイヨウオオバコ

Plantago major

セイヨウオオバコの別名は、鳥のオオバコ。長く穂状に連なる種子は、シジュウカラ、マヒワ、ウソ、ベニヒワなどの好物。真冬のあいだ、鳥たちはそれで栄養を摂取するのです。また、ペットとして飼育されている鳥の餌としても栽培されています。さらに、シジミチョウ、ヒョウモンモドキなど、多くの蝶にとっても重要な役割を果たしています。

セイヨウオオバコは旧大陸に自生していましたが、北米に渡って帰化しました。牧草地や道ばた、荒れ地に生え、庭にも勝手に入りこんできます。地面付近にロゼット状に広がる根生葉は楕円形で厚みがあり、葉脈が何本か平行に伸びています。花は緑がかった茶色で、長い穂状の花序をつくり、ときには50cmの長さに達することも。若い葉であれば、サラダにして食べることもできます。

オオバコ属の仲間には、プランタゴ・メディア(*Plantago media*)やヘラオオバコ(*Plantago lanceolata*)があります。プランタゴ・メディアは草丈が低く、葉脈が深くてめだつのに対し、ヘラオオバコの葉はヘラのように細長く、花序が短いのが特徴です。また、ヘラオオバコは5枚の葉を縦に縫い合わせたようにみえるため、フランスでは縫い目が5つある草とも呼ばれています。

Le Plantain
LES BONS GRAINS

ドモッコウ

Inula helenium

フランスで大きなオグルマと呼ばれるだけあって、草丈は1.5〜2mに達します。そのため、自然のなかに生えていても見逃すことはありません。フランスでは、プロヴァンスとピレネー山脈を除くほぼすべての地域に自生していますが、野生種は多くありません。とりわけ人里の周辺(おそらく昔、栽培されていたころの名残りでしょう)、生垣、湿った牧草地でみられます。茎はじょうぶでがっしりしており、上のほうで枝分かれしています。地面の下では、ずんぐりした根茎が茎を支え、葉は下のほうで特に大きく、優美にいくぶん垂れています。マーガレットのような頭状花序をつくり、鮮やかな黄色の花をひとつつけます。花は直径4〜5cmで、筒状の小花が連なる中心部は色が濃くなっています。

ドモッコウはおそらくアジア原産だと考えられますが、北部を含むヨーロッパの大半の地域でみられます。薬効、とりわけ結核に効果があるため、昔から珍重され、栽培されてきました。学名の“*helenium*”は、トロイ戦争で有名な美女ヘレナに由来するといわれていますが、定かではありません。この多年草は庭に植えるのに最適で、植込みの背景にすると長く楽しめます。

Inula Helenium. *L.*

ゲンチアナ

Gentiana lutea

みるからに元気いっぱいのこの多年草はとてもじょうぶで、草丈が1mを超えることも珍しくありません。根はとても強く、時とともにかさが増し、地中深くまでまっすぐ伸びています。木質化しない、いわゆる草としてはとても長生きで、寿命50年を超える場合も(ただし、花が咲くようになるまでに10年ほどかかります)。こうした特徴から、山地に自生するこの美しい植物は、若返りの泉のように、人のバイタリティを活性化するともっぱらの評判で、フランスでは若さ(jouvence)にちなんだ通称もあります(jouvansanne)。ゲンチアナは、何よりもその解毒作用により薬用植物としての地位を確立しました。なかが空洞の茎はしっかりと地面に直立し、葉は大きく、根元付近は細い柄で茎とつながれていますが、上のほうでは葉が茎を抱きこむようにしてついています。輝かんばかりの黄色い小花はグループをつくり、円を描いて段状に咲きます。

ゲンチアナは中央/南ヨーロッパや小アジアの山地に自生し、フランスではアルプス山脈、ジュラ山脈、ヴォージュ山脈、中央山地、ピレネー山脈など、標高700〜2500mの山でみられます。根から苦みのあるリキュールをつくるため乱獲されていましたが、今日では多くの地方で保護種に指定され、採取は禁じられています。

Great Yellow Gentian

GENTIANA LUTEA

クリスマスローズ
（ヘレボルス・ニゲル）

Helleborus niger

　ラ・フォンテーヌの寓話で、ウサギがカメにこう言います――「おばちゃん、エレボールを四粒も呑んで、頭のなかを掃除したらいいだろう」。ここでいう「エレボール」とはヘレボルスのことで、下剤ではなく精神錯乱を治す薬。カメはおかしくなってしまったのでしょうか。なにしろ、長い耳の相棒に「おまえさんはあたしと同じくらい早くあの目標に到着しはしないだろう」とふっかけて、賭けを提案したのですから。実際、この植物はかつて「狂気の沙汰」の治療に用いられ、狂人の草の別名もあります。種子が4粒あればじゅうぶんで、それほどヘレボルス・ニゲルは強力なので、眺めるだけにしておいたほうがよさそうです。

　通常、クリスマスローズの名で親しまれているこの美しい多年草は、冬、12月から3月ごろ(ときにはそれ以上)花を咲かせます。フランスの植物相のひとつに数えられますが、野生種は限られ、アルプス山脈やアルプ＝ド＝オート＝プロヴァンスのほか、東部や中央山地でも少しみられ、木がまばらになった下草のあいだや、腐植土の豊富な涼しい場所に生えています。部分的に赤くなった太い茎、切込みの入った濃い緑の美しい葉など、魅力は枚挙にいとまがありません。中央で雄しべが大きな束をつくる盃型の花は、最初は明るいピンク色ですが、次第に色が濃くなります。「黒」を意味する学名の“*niger*”は、地中の短い根茎の色から来ています。

L'ELLÉBORE NOIR

ヒメフウロ

Geranium robertianum

この有用な植物のフランスでの呼び名は、ロベールの草。果たして、ロベールという名のミステリアスな人物とはいったいだれなのでしょう？　13世紀の物語に基づいてジャコモ・マイアベーアが書いたオペラに登場する、伝説の恐ろしい悪魔ロベールではないでしょう。8世紀のフランスで、植物に詳しいことで知られるロベールというストラスブールの司教を指すことがあるようです。はたまた、18世紀フランスに生まれた植物学者ガスパール・ニコラ・ロベールとも。しかし、この植物はそれ以前からロベールと呼ばれていたのです……。

実際は、「赤」を意味するラテン語 “*ruber*” が変化したもので、細かな毛で覆われた茎が赤いことから来ているようです。ロベール（ロバート）の草という名称は、ヨーロッパの多くの言語で共通しています。

この小型のフウロソウの野生種は、ヨーロッパの大半の地域に自生し、フランス各地でよく目にします。森、草原、畑の周辺、荒れ地に生える一年草または二年草の先駆植物*で、種子を大量にまき散らします。切込みのある三角形の小さな葉から、特徴的な匂いを発します（どちらかというと嫌な匂いで、蚊を追い払う効果があるといわれています）。筋の入った小さくてかわいらしいピンクの花は、4月から8月にかけて次々と開花し、長いあいだ楽しむことができます。

＊むきだしになった土地にいちはやく侵入して定着する植物。

Herb Robert Cranesbill

GERANIUM ROBERTIANUM

ヤネバンダイソウ

Sempervivum tectorum

ヤネバンダイソウは屋上緑化のパイオニア！　実際、岩のあいだや崖下に堆積した砂礫に生えるこの高山植物は、わらやタイルでふかれた屋根を占拠し、緑のドレープたっぷりのぶ厚いマントで覆うようになりました。かつては雷が落ちるのを防ぐといわれ、ローマ神話で雷を司る神ユピテルのひげの別名もあります。

ヤネバンダイソウの生育地はヨーロッパの山地で、フランスではアルプス山脈、ジュラ山脈、中央山地、ピレネー山脈などでみられます。多肉で寒さに強い葉は、直径5〜15cmのきれいな放射状のロゼットをつくり、茎はありません。夏になると、葉の中央から軸が立ち上がり、赤い雄しべのある明るいピンクの小さな花を先端につけます。その後、ロゼット状の葉は枯れますが、あらかじめ匍匐茎を伸ばして、その上に新しいロゼットを形成し、このようにして広い範囲で群生するのです。他方、岩の割れ目に生育する他の植物と同様に、根は水平に広がるのではなく垂直に伸びます。そのようなわけで、ひとたび屋根に緑のマントを広げたヤネバンダイソウは、じょうぶで長いあいだ健在です。

SEMPERVIVUM TECTORUM
JOUBARBE
HAUSWURZ

ヒヨス

Hyoscyamus niger

オデュッセウスは部下とともに魔女キルケの館に迎え入れられ、プラムニオス・ワインとヒヨスのパンでもてなされ……、するとどうでしょう。部下たちはブタに変えられてしまいますが、ヘルメス神からあらかじめ魔除けの薬草を与えられていたオデュッセウスだけは、魔法が効かなかったのでした。しかし、ヒヨスには強力な幻覚作用があることで知られているため、実際には妄想にとり憑かれていたのだと考えられています。古代から、魔術や呪いと結びつけられることが多く、デルフォイの巫女も神託を告げる際にこの植物をふんだんに用いたのだとか。

この一年草または二年草の茎は単独で直立し、高さ40～80cmに生長します。やわらかでねばつく三角形の葉には大きな切込みがあって、茎を抱きこむようにしてつき、嫌な匂いがします。茎の先に、じょうごのような花をブーケ状に咲かせます。首のところが濃い紫で、紫の筋の入った淡い黄色の花は、5月から9月にかけて咲き、蜜を分泌して、ミツバチをはじめとする多くの昆虫を引き寄せます。鞘に入った小さな種子には、特に強い毒があります。ヒヨスはヨーロッパ全域、アジア、北アフリカで、日当たりのよい荒れ地、道ばた、瓦礫を好んで自生しています。

LA JUSQUIAME

カレックス・アレナリア

Carex arenaria

カレックス・アレナリアはイネ科のようにみえますが、植物学上の多くの特徴からカヤツリグサ科に属します。カヤツリグサ科の植物は沼地などの湿地帯に生え、庭園内の池のほとりに植えることもありますが、カレックス・アレナリアだけは例外です。実際、この植物は主として海岸沿いの砂地に生育し、フランスの西側(大西洋岸、英仏海峡、北海沿岸)と、ヨーロッパの大半の地域の海岸に沿って自生しています。ただし、海岸だけでなく、内陸のイル＝ド＝フランスを含む砂地でもみられます。

見分けるのは難しくありません。浅い場所で数メートルにわたって伸びる根茎の節から、一定の間隔を空けて茎が直立しています。三角形の硬い茎は、3列の平たい葉と、春の終わりから夏にかけて鹿毛色の尖った長い穂を先端につけます。おもしろいことに、内側の小穂はすべて雌、中央は両性、上のほうはすべて雄なのです。カレックス・アレナリアは砂丘の固定化でも重要な役割を果たしています。

Carex arenaria L.

イングリッシュラベンダー

Lavandula angustifolia

通常、わたしたちは庭や畑で栽培されているラベンダーを目にしていますが、真のラベンダー（フランス語：lavande vrai）と呼ばれるイングリッシュラベンダー（古い学名は“*Lavandula vera*”）は野生種です。フランスでは、地中海性気候の山がちな地域（プロヴァンス、南アルプス、ドーフィネ、セヴェンヌ山脈、コースなど）でみられ、標高800mを超える、日のよく当たる石ころだらけの土地や高地、まばらな松やコナラの林に自生しています。コルシカ島や西部など、それ以外の地域でもみられますが、おそらく庭に植えられていたものが半自生化したのでしょう。同様に、ヨーロッパの地中海沿岸全域に生えているほか、多くの地域で順応しています。

灰褐色の茎は、根元付近は木質で、20～90cmの高さに生長し、灰緑色の長さ3～5cmの常緑の葉を茂らせますが、上のほうはむきだしです。葉は幅が狭く、尖った葉先はくるりと巻いて、いい匂いがします。青または紫がかった花は芳香を放ち、密な穂をつくります。ピレネー・オリアンタルやアリエージュでは、亜種の*Lavandula angustifolia subsp. Pyrenaica*が確認されていますが、この種は草丈が少し低く、いくらか花が大きい点が異なります。

カキドオシ

Glechoma hederacea

カキドオシの花はすべて同じ方向を向いて咲き、まるでミツバチにサインを送っているかのようです。3月から4月の春まだ浅きころ、蜂たちにとってこの植物はまさに授かりもの。唇の形をした花は紫または紫がかった青で、内側に濃い紫の模様が入っています。単に色合いが美しいだけでなく、ここには受粉のための戦略が隠されています。紫の斑点はほかよりずっと多くの紫外線を吸収するため、人の目に見えない紫外線を感知するミツバチやマルハナバチ、蝶は光信号に導かれて着陸する飛行機さながらに、この模様をキャッチして花にやって来るのです。

フランス語名 “lierre terrestre(地上のキヅタ)” は、カキドオシが地を這い、密に葉を茂らせることから来ています。このつる性植物は、ヨーロッパとアジアの温帯地位に分布し、フランスでは、広葉樹の森や道ばたなど各地でみられます。繁殖力が強く、ひと株で1m^{2}を超えて覆いつくすようなケースも。ことさら目を引くわけではないものの、常緑のハート型の葉といい、まだ冷たい空気のなかで開く花といい、魅力は尽きません。庭の地面を覆う目的で、日陰になった涼しい場所に植えられることもあり、葉を揉むとよい匂いがするので、かつてはビールの風味づけに用いられました。

ニガハッカ

Marrubium vulgare

正直にいいましょう。なんの変哲もない草です。40cmほどの高さに段状に葉を茂らせ、茎が放射状に枝分かれするため、逆立っているようにみえます。生えていることに気づかないで脇を通り過ぎてしまいそうですが、いい匂いがして、とりわけ触れるとハッカのような香りが匂い立ち、葉を摘んで揉むとなおさらです。反対に、噛みつぶすとしかめ面になること請け合い！ ニガハッカはとんでもなく苦いのです。

この多年草は、茎が太くがっしりしていて、40〜70cmの高さに生長し、ハートの形をした半常緑の葉を茂らせます。葉の縁はギザギザで、表面はしわしわ。一面、綿毛で覆われているため、灰色がかってみえます。春の終わりには、白い花をつつましやかに咲かせます。

ニガハッカはヨーロッパ、アジア、北アフリカに広く分布し、フランスではアキテーヌなどを除く大半の地域で自生し、荒れ地や道ばたなど、水はけのよいケイ酸質の土壌でみられます。古代から薬草としての価値が高く、とりわけ咳止め効果があるとされてきました。ただし、庭に植えると、ほかの植物を侵略することがあります。

2. Ballota nigra.
2a
2b
1. Prunella grandiflora.
5b
5
a
5. Stachys palustris.
6. Betonica officinalis.
3. Marrubium vulgare.
4. Stachys sylvatica.

レモンバーム
（メリッサ）

Melissa officinalis

レモンバームは、甘やかであると同時に力強く、まさにレモンのような至高の香りがします。この特徴的な芳香のために、英国でも日本でもレモンバームと呼ばれています。また、ミツバチを引きつけることから、学名の“*Melissa*”は、ギリシア語の“melissophullon（ミツバチの葉）”が語源で、フランスでも同様の名で呼ばれています。

この多年草は40〜80cmの高さに生長し、横向きに伸びる茎から、美しい緑の葉を茂らせます。半常緑の葉は楕円形または長めのハート型で、エンボス加工を施したようにでこぼこしています。葉脈が密に走る葉の表は濃い緑色で、やわらかな毛が生え、裏は明るい緑色です。夏になると、めだたないクリーム色の小花を咲かせます。

中央／南ヨーロッパ、西アジア、北アフリカの原産で、フランス全域に自生しています。香りのよい葉が好まれるため、庭で栽培されることも多く、魚／鶏料理、フルーツサラダの風味づけに使います。カルメル修道会がレモンバームをベースに、多くの植物を加えてつくったハーブリキュール、カルメルのメリッサ水は、何世紀も前から疲労や悪寒に効くと評判でした。ガーデニング用としては、葉に黄や銀の斑（ふ）が入ったものや、ライムの香りがするものなど、たくさんの品種があります。

セイヨウオトギリソウ
(セント・ジョーンズ・ワート)

Hypericum perforatum

学名の"*perforatum*(孔のある)"は、葉を太陽に透かすと、針の穴が無数に空いているようにみえることから来ています。これは精油成分を分泌する腺で、縁のほうで色が濃くなっています。6月の終わりに、黄色の美しい花をたくさん咲かせるのですが、ちょうど夏至のころにあたるため、古代ゲルマン人はこの植物で太陽の祭りを祝っていました。その後、キリスト教が広まるにつれ、聖ヨハネ(英語ではセント・ジョーンズ)の祭りと結びつけられ、聖ヨハネのひげまたは聖ヨハネの草などの別名があります。

セイヨウオトギリソウはヨーロッパ、西アジア、北アフリカに広く分布し、フランスでは草原や森の周辺、道沿い、荒れ地など、日当たりのよい石灰質寄りの土壌に自生しています。多年草で、茎は硬く、いくらか赤みを帯び、50〜80cmの草丈になります。5枚の花びらの真んなかに大きな雄しべの束があり、散房花序*をつくって咲き、花をつぶすと血のように赤い汁が出ます。大昔から薬草として用いられ、今なお、ある種のうつ病の治療に処方されています。かつて、悪魔祓いの別名で呼ばれていたのはそのためです。

* 花の軸に少しずつ間をあけて花柄がつくが、下部の花柄ほど長く、すべての花が同一平面上に並ぶもの。

1. HAIRY ST JOHN'S WORT. *Hypericum hirsutum.*
2. SMALL UPRIGHT ST JOHN'S WORT, *H. pulchrum*
3. MARSH ST JOHN'S WORT *H. elodes*
4. BEARDED ST JOHN'S WORT *H. barbatum*

イヌホオズキ

Solanum nigrum

原産はおそらく南ヨーロッパとアジアでしょう。実際、ナス科の植物は全世界に分布し、フランスでもとりわけ窒素が豊富な土壌を中心として各地に自生しています。庭や畑では雑草として扱われますが、ハト、カラス、クロウタドリ、ツグミなどの意見は違うようで、それというのもこれらの鳥はイヌホオズキの実が大好物で、同時に種をまく役割も果たしているからです。

この一年草は、直立した茎で40〜70cmの高さに生長します。葉は先の尖った楕円形で、葉脈がはっきりしています。星型の小さな白い花を咲かせ、雄しべは黄色。花が終わったあと、小型のトマトのような実が房状になり、最初は緑だったのが、次第に紫がかった黒に色が変わります。この痩果は、人間にとって極めて有毒。見るからにおいしそうにはみえませんが、それでも事故は起こり、グリーンピースの収穫が自動化されるようになって以来、ときとして缶詰のなかにイヌホオズキの実が紛れていることが……。とはいえ、10粒以上摂取しない限り、深刻なリスクが生じることはないでしょう。葉にも一定の毒がありますが、東アフリカではほうれん草のように食べることがあるとか。ただし、葉がもっと大きいので、どうやらたくさんある別の種または亜種のようです。

MORELLE
GENRE DES SOLANÉES
SOLANUM NIGRUM

カラシナ

Sinapis & Brassica

カラシナの語源は、ラテン語の“*mustum ardens*”で、「スパイスの効いたモルト」の意。事実、かつては未熟なブドウを搾った汁でカラシナの種(たね)をつぶして、酸味の強い調味料にしていました。しかし、カラシナの仲間は数多く存在し、ノハラガラシ(*Sinapis arvensis*)と シロガラシ(*Sinapis alba*)はシロガラシ属ですが、クロガラシ(*Brassica nigra*)とセイヨウカラシナ(*Brassica juncea*)はアブラナ属です。いずれも、アブラナ科に属し、キャベツやカブやナタネの仲間で、種(しゅ)の多くは黄色い花を咲かせます。

ノハラガラシは30〜60cmの高さになる一年草で、切込みの入った葉と硫黄のような黄色い花をつけます。ユーラシア大陸と北アフリカに分布し、フランスでもごく普通にみられますが、農家や園芸家にとっては、残念ながらといわざるをえません。なにしろ、除草剤に耐性を増している手ごわい雑草なのですから。種子をつぶして調味料にしますが、マスタードの原料や緑肥になるシロガラシのほうが利用価値は高いようです(シロガラシは葉が分かれていることから見分けることができます)。クロガラシは地中海沿岸、セイヨウカラシナはアジアが原産です。

Cruciferae
(Brassiceae)

Sinapis alba L.

ケシ
（ソムニフェルム種）

Papaver somniferum var. nigrum

オピウムポピーはケシ属の植物ですが、種類はこれだけです。このケシの青い種子では、シャルル・ボードレールが書いているような幻覚症状は起こりません。フランスでは別名、黒いケシとも呼ばれ、かつて種子から油を採るために栽培され、珍重されていました（ハシバミの味がする、明るい黄色をした軽めの油です）。しかし、その後ナタネ油にとって代わられ、今日、畑でみることはほとんどありません。フランス語の名称 “oeillete” からいって、「目（oeil）」と何か関係がありそうですが、実際はラテン語で「油」を意味する “*oleo*” が変化したものです。よくみられるわけではありませんが、通常、以前栽培されていた地域の近くなど、さまざまな場所に自生しています。

この一年草は、石灰質で腐植土の少ない、日当たりのよい乾燥した土壌を好みます。茎を抱きこむようにしてつく葉は縁がギザギザで、盃の形をしたきれいな花にはピンクまたは紫がかった花びらが4枚あります。茎の高さは1.2mに達し、鞘状の実をつけ、乾燥した実を振るとかすかに鈴のような音がします。

L'Œillette
LES BONS GRAINS

オレガノ

Origanum vulgare

事態は複雑です！　オレガノはワイルドマジョラムまたはコモンマジョラムとも呼ばれますが、同じハナハッカ属のスイートマジョラム（*Origanum majorana*）と混同しないように。フランスでスイートマジョラムの別名は、貝殻のマジョラム、または庭のオレガノ。ピザの上に載っているのは、オレガノで間違いないでしょうが、自生しているものなら、東地中海沿岸を原産とするスイートマジョラムが庭から逃走して、田園に進出した可能性があります。いずれにしても、フランスのような気候の下では、大抵、霜にやられてしまうため、一年草のスイートマジョラムで間違いないはず。さらに、オレガノの葉は先が尖っていて色が濃く、紫がかったピンクまたは白い花を咲かせるのに対し、スイートマジョラムの花はモーヴまたは白です。そう考えると、これら2種類の植物を見分けるのはさほど難しくなさそうですが、いずれにしろ、最大の違いはその香りにあります。オレガノはタンニンが多く含まれ、こくがあり、コショウやタイムに近いといえるでしょう。

オレガノは、フランス各地の、とりわけ未開で日当たりがよく、岩の多い小石だらけの土地に生えます。高さ40～60cmになる茂みをつくり、根茎を伸ばして広がります。庭の小道の脇に植えると、地面を緑で覆い、触れたときにいい匂いがするのでおすすめです。

1
3
4
5
6
2
B
A

オドリコソウ

Lamium album

フランス語では白いイラクサ(ortie blanche)ですが、トゲはありません。そもそも、この植物はイラクサ属ではなく、オドリコソウ属。植物学的には、白いオドリコソウに名前を変えたほうがいいかもしれません。ただし、危険なイラクサ(ortie brûlante)こと、イラクサにとてもよく似ているのはたしかです。とりわけ葉が類似しているので、オドリコソウはあえてイラクサに似せることで、草食動物の餌食にならないようにしているとも考えられます。これはある意味、真実ではありますが、フランスの牛はイラクサもみごとに食し、とりわけ雨に濡れたイラクサを喜んで食べます。

オドリコソウはヨーロッパとアジアの原産で、地中海沿岸の一部を除くフランスのほぼ全域に分布しています。50〜80cmの高さになる多年草で、直立する茎は断面が四角く、イラクサは茎の断面が円形であることから区別されます。ほぼ三角形の葉は縁がギザギザで、細かな毛が生えています。白い花が咲いていたら、よく観察してください。口を大きく開けているようにみえませんか？　それもそのはず、学名の“*Lamium*”は、ギリシア語の“lamia(頭と胴体は人間の女で下半身がヘビの、人を食らう怪物)”から派生しているのです。しかし、これは濡れ衣かもしれません。サラダやスープにして食べるのは人間のほうなのですから。ほんもののイラクサと同様、オドリコソウはヨツボシヒトリなどの蛾や蝶を引き寄せます。

ORTIE BLANCHE

サンシキスミレ

Viola tricolor

16世紀、シェイクスピアの時代。今日、私たちの庭を美しく彩るパンジーはまだ知られていませんでした。したがって、『ハムレット』のなかで沙翁がオフィーリアの口を借りて語ったのは、森に自生する野生の小さなサンシキスミレのことです――「はい、ローズマリーよ、思い出のしるし。(…)それからこれは三色スミレ、ものを思うしるし」。この美しい花が、抽象的な概念の象徴になったのは、いつごろでしょうか？　はっきりとはわかりませんが、昔からそうだったのでしょう。地方によって異なりますが、サンシキスミレの花は、多くの場合、その名のとおり3色(白・黄・紫がかった青)です。キリスト教徒が三位一体の花としたのも当然のことでした。

この二年草または多年草は、ヨーロッパとアジアの原産で、フランス全域に分布しています。草丈は20～30cmと小型で、楕円形の葉は縁にギザギザがあります。華奢な茎に単生の花がつき、ミツバチを媒介として受粉し、アリが種子をまいてくれます。

サンシキスミレはギリシア神話にも登場します。ヘラの嫉妬により牝牛に変えられ、悲しみにくれるイオをなぐさめるため、大地の女神キュベレは、贈りものとして、イオのまわりを美しいサンシキスミレの花で敷きつめたのでした。

PENSÉE SAUVAGE
GENRE DES VIOLARIÉES
VIOLA TRICOLOR

ベニバナセンブリ

Centaurium erythraea

フランス語の名称は小さなケンタウロス。ケンタウロスとは、ギリシア神話に登場する半人半獣の種族で、とりわけアポロンが司(つかさど)る医学に通じていたケイロンが知られています。しかし、学名の"*Centaurium*"はラテン語が由来で、"*centum aurei*(百枚の金貨)"の意。この一年草(二年草の場合もあります)は、何故これほど大切にされたのでしょうか？　それは、今なお熱を下げて食欲を増進させるなど、数多くの薬効があるとされているから。ただし、味はおそろしく苦く、ローマ人は"*Herba felis terra*(大地の胆汁)"と呼んでいたものです。

フランス各地に自生し、赤いケンタウロスとも呼ばれるベニバナセンブリは、ヨーロッパとアジアに分布しています。日は当たるけれど湿った土地を好み、森のなかで木がまばらになり、ぽっかり開けた場所や牧草地に生え、夏のあいだじゅう散形花序のピンクのきれいな花を咲かせているので、すぐにわかります。地面の上で楕円形の葉をロゼット状に広げ、断面が四角い茎は20〜40cmの高さに生長します。薬草として長い歴史があり、ギリシアの医師ヒポクラテスやディオスコリデスも言及しています。

PETITE CENTAURÉE
GENRE DES GENTIANÉES

オランダワレモコウ

Sanguisorba minor

ゲーム『ポケットモンスター』に登場するバーネット(ワレモコウ)博士の名前は、この植物から来ているのではないでしょうか。例えば、スーパーヒーローたちが負った傷を奇跡のようにふさいでくれるとか!? ハンガリーの伝説によると、銀河の星の数にも匹敵する、アッティラの息子チャバの騎兵隊は、血なまぐさい戦闘にもかかわらず兵士の数は不変で、それというのも、傷を癒すオランダワレモコウという秘法のおかげだとか。実際、ワレモコウ属には止血効果があり、学名の"*Sanguisorba*"からもそれがうかがえます(ラテン語で「血」は*sanguis*、「吸う」は*sorbeo*)。フランス語の通称、小さなパンプルネル(petite pimprenelle)はとてもかわいらしいのですが、語源はラテン語の"*pipinella*"(牡ヤギ)。なかにはミツバグサ属のように、とても臭い匂いを放つ草があるからです。実際のところ、このオランダワレモコウはとてもいい匂いがして、ハーブとして料理に使うこともあるのですが……。

この多年草はヨーロッパ全域に分布し、フランス各地の牧草地や日当たりのよい石灰質寄りの土壌に自生しています。シダのように分かれた葉がロゼット状の茂みをつくり、縁がギザギザした丸い葉に朝露がたまって太陽の光に輝く姿は、魅力にあふれています。およそ30cmの高さに生長し、茎の先に赤みを帯びた丸い穂状の花を咲かせます。

SALAD BURNET.

ヒエンソウ

Delphinium ajacis

ヒバリの足を間近で観察する機会はそれほどないでしょう。前の3本の爪に比べ、後ろの爪は2倍の長さがあるのが特徴です。体が安定するので、危険が迫ると、ヒバリは地面を駆けて、安全な場所に身をひそめることができます。ところで、小さくてかわいらしいヒエンソウにも同じように大きな爪があります。花の後ろに長く伸びた爪状のものを、植物学では「距（きょ）」（花びらやがくの一部が筒状に伸びてなかに蜜をためる部分）と呼んでいます。他方、ギリシア人はヒエンソウのつぼみの形をイルカの頭になぞらえました（距はイルカの背びれでしょうか）。これが、学名 “*Delphinium*” の由来です。

ヒエンソウは地中海沿岸をはじめとするヨーロッパ、西アジア、北アフリカを原産とする一年草。フランスでは、アキテーヌやノルマンディなどを除く多くの地方でみられます。おひさまが大好きで、石灰質寄りの土壌に生え、除草剤が一般化する以前は穀物畑に自生していました。華奢な茎は30〜40cmの高さになり、細かく裂けたとても細い葉をつけます。花びらは4枚で距があり、深い青紫の美しい花を咲かせます。ガーデニング用として広く栽培され、とりわけ八重咲きの花に人気があります。

LE PIED D'ALOUETTE

セイヨウタンポポ

Taraxacum officinale

野に咲くタンポポを知らない人はいないでしょう。ただし、現実は少々込み入っています。黄色い花が特徴的なこの植物には、近縁度は高いけれど別の種が多数存在するからです。ただし、うれしいことに、いずれの品種も食べることができます！

フランス語の名称"pissenlit（おねしょ）"は、ちょっと変わっています。タンポポには利尿作用があることから、ベッドに入る子どもはタンポポの花の匂いをかぐだけで、おねしょをしてしまうといいます。けれども、長い主根を伸ばして生長するこの多年草には、ライオンの歯というもっと高貴な名前もあります。ロゼット状に広がる長い葉のギザギザが野獣の歯を思わせるからです。

タンポポは、フランス全域を含むヨーロッパ、アジア、北アフリカ、北米でみられ、牧草地、道ばた、荒れ地をはじめ、街なかでもよく自生しています。10〜30cmになる軸は白い液を含み、先端に黄金色の頭状花序をつけます。夜明けとともに開き、日が落ちると閉じる花は、太陽崇拝との強い結びつきを示唆しています。花が終わったあとは、綿毛（冠毛）に息を吹きかけて遊びましょう。タンポポの種子が空高く舞い上がれば晴れ、落ちれば雨が降るのだそうです。そのほか、吹いたあとに残った種子の数は、あなたがあと何年生きられるかを示しているといわれています。

セイヨウシャクヤク

Paeonia officinalis

「シャクヤクが燃える／青空の下／百もの花が咲きほこる／春が私たちの目を癒してくれる」──『鳥たちの歌』で、ヴィクトル・ユーゴーはこのように書いています。けれども、ふんわりとした黄色い雄しべと深紅の花びらのコントラストが美しい盃型のシャクヤクは、目だけでなく、かぐわしい香りで鼻をも楽しませてくれます。

この多年草の花は、フランスでは比較的珍しく、地中海沿岸やアルプス山脈、ドローム、アヴェロン、ピュイ＝ド＝ドーム県でみられますが、保護の対象です。フランス以外では地中海沿岸、バルカン半島に自生し、木がまばらになって開けた森の石灰質の土壌で、30〜60cmの茂みをつくっています。直立した茎に3つに分かれた大きな葉をつけ、葉の表は濃い緑で、裏は灰色がかっています。花にふんだんに蜜があるため、蝶をはじめとする昆虫がたくさん訪れます。学名の“*Paeonia*”がギリシア神話の医療の神パイエオンから来ていることからわかるように、古代から薬草として重宝されてきました。庭の装飾としても栽培され、ガーデニング用に多くの品種が存在します。

PIVOINE

キバナノクリンザクラ

Primula veris

ごらんなさい(クウクウ)、これがサクラソウですよ！　カッコウ(クウクウ)の鳴き声が聞こえる早春に咲く、輝かんばかりの黄色のみずみずしい花は、とてもいい匂い。かつてフランスの田舎では、子どもたちがこの花で大きな花束をつくって道路の脇で売っていたものです。

およそ20cmの草丈になるこの多年草は、浮出し模様のある細長い葉を地面付近にロゼット状に広げ、散形花序をつくる筒状の花には切込みの入った花びらが5枚あります。ドイツ語の名称は“*Schlusselblume*(鍵の花)”で、まさに鍵の束のような花のつき方です。もしやこの花は、天国の鍵を管理する聖ペテロがうっかり落としてしまった鍵なのではないでしょうか。

ヨーロッパとアジアが原産のキバナノクリンザクラは、4月に斜面や牧草地、木がまばらになった森で花を咲かせます。ひとつの花に雄しべと雌しべが収まっていますが、近親交配を避け、遺伝的多様性を高めるための巧妙な戦略を採っています。一部の花では雄しべが隠れていて、雌しべの先端が花びらから長く突き出ていますが、別の花では雄しべが前に出ていて、反対に雌しべが内側にあるのです。このようにして、サクラソウを訪れた昆虫が長い雄しべの花粉を別の長い雌しべに運んでくれるというわけです。

PRIMULA OFFICINALIS
PRIMEVÈRE

セイヨウナツユキソウ

Filipendula ulmaria

この多年草は、旧大陸に広く分布し、フランス各地に自生しています。フランス語の通称、草原の女王が示すとおり、セイヨウナツユキソウは木がまばらになって開けた森、牧草地、流れる水の岸辺などの湿った場所にまさに君臨しているのです。1mを超えることも珍しくない草丈だけではありません。花の美しさもその威容に貢献し、クリーム色の濃淡に彩られた花が、優美にすっと立つ赤みがかった茎の上に、白い羽飾りのごとく咲き誇っています。かつて、花嫁のブーケに用いられたのも納得です。ジューンブライドにふさわしく、6月に開花するのですから、自然はなんとうまくできていることでしょう。さらに、天はこの白い花の房にかぐわしい香りも与えてくださいました。そのため、この花はいつでもミツバチたちに取り巻かれ、ミツバチの草と呼ばれていたことも。

縁にギザギザのある小葉に分かれた、濃い緑の美しい葉むらを広げるこの植物が、田園からわたしたちの庭の女王になるまでにさほど時間はかかりませんでした。八重咲きの品種もあり、植込みの背景にすると優美さがさらに引き立つことでしょう。

薬草としてさまざまな効能があり、過去には大変重宝されました。17世紀英国の植物学者ニコラス・カルペパーは、ワインで煮たセイヨウナツユキソウは下痢や腹痛に効くと請け合っています。

Meadow Sweet Spiraea

SPIRAEA ULMARIA

タガラシ

Ranunculus sceleratus

フランス語の呼び名は“renoncule scelerate”、文字どおり訳せば「邪悪なキンポウゲ」です。いったい、どうしてこんな名前がついたのでしょう？　この小さなキンポウゲはめだちませんが、金色のボタンのような花を咲かせてきれいですし、一見、害はなさそうです。しかし、近縁のキンポウゲ科の植物の多くがそうであるように有毒で、皮膚がかぶれ、潰瘍を引き起こす場合があります。かつて、物乞いがタガラシの葉を自分の顔にこすりつけるという悪辣な手段で、親切な通行人の同情を誘っていたことがありました。

この一年草は、地面付近にロゼットを形成します。3つから5つに分かれた葉は比較的厚めで、切込みがあり、セリと間違えやすいので注意してください。茎はじょうぶで直立し、よく枝分かれして、高さ20〜40cmに生長し、春の終わりから夏にかけて開花します。直径1cmほどの小さな花は、明るい黄色か緑がかった黄色で、俵型の緑の実がなります。スカンジナビアを含むヨーロッパとアジアに分布し、フランスでも各地でみられます。溝や池、流れる水の岸辺、牧草地、荒れ地などの日の当たる場所に自生し、窒素が豊富な湿った土壌を好みます。

RENONCULE SCÉLÉRATE
HAHNENFUSS

アルペンローゼ

Rhododendron ferrugineum

アルペンローゼは、ドイツ語で「アルプスのバラ」の意味。学名の“*ferrugineum*”は、ラテン語の“*ferruga*(さび)”から派生していて、葉の裏がさび色であることを示唆しています。高さ50cm〜1mに生長するこの小型の低木は、アルプスで毛むくじゃらのシャクナゲ(*Rhododendron hirsutum*)と競合しています。両者は同じ種に属し、生態的地位が重なるいわゆる姉妹種ですが、アルペンローゼが酸性の土壌に自生するのに対し、毛むくじゃらのシャクナゲは石灰質の土でもOKで、ライバルのアルペンローゼが生えていなければ、酸性の土壌でも気にしないようです。

アルペンローゼは枝が水平に伸び、細長い楕円形をした、とても硬い常緑の葉を茂らせます。夏に咲く花は、赤みを帯びた鮮やかなピンク色で、枝先にいくつかの花が集まってブーケをつくり、いい匂いに誘われてミツバチがよく訪れます。アルプス山脈、ジュラ山脈、ピレネー山脈などのヨーロッパの山地では、モミの生育地よりも標高の高い1500〜2500mに自生しています。

アルペンローゼは、かつてホメオパシー※に用いられたこともありますが、植物全体に毒がありますので注意してください。

※ 大量に投与すると一連の症状を引き起こす物質をごく微量投与することで、同じ症状が治るとする考え方。

FLEURS DES ALPES

Le Rhododendron ferrugineux

ローズマリー

Rosmarinus officinalis

爽快で力強いアロマが特徴のこの植物は、庭に植えて楽しむだけでなく、料理、香料、化粧品、薬用として畑で栽培されていますが、もとはといえば、広く地中海沿岸に自生していた野生の低木で、フランス南部の3分の1の地域、とりわけ地中海沿岸の日当たりのよい石灰質の土壌で、荒れ地や灌木のあいだでみられます。極度に乾燥した土地は好みませんが、海に近ければじゅうぶんらしく、海の露という美しい呼び名もあります。冬の終わりから春の初めにかけて美しい青の花を咲かせますが、夏や秋に開花することもよくあります。50cm～1mの高さに生長し、地面付近から四方に枝分かれし、針のように細くてとても硬い常緑の葉を茂らせます。強い芳香を放つ葉は、表面が濃い緑で、裏面は灰色がかっています。

ローズマリーは、ハンガリー王妃の水と呼ばれる芳香性アルコール製剤の主要原料で、17世紀には奇跡の化粧水として、フランスのセヴィニエ夫人も賞賛していました――「なんという、かぐわしさ(…)私は日々その香りに酔いしれ、常にポケットに入れております。タバコ中毒さながらに、一度癖になってしまうと、もうそれなしではいられませんの」

1
4
2
3
A

ヘンルーダ

Ruta graveolens

伝説によると、クサリヘビにかまれたイタチは、毒を抜くため9日間ヘンルーダを食べつづけるとか。自生するヘンルーダをみる限り、日当たりがよければ古い壁や乾燥した土地でも平気なようです。青灰色を帯びた緑の葉むらや独特の匂いが特徴で、“*Ruta graveolens*” になる以前、この植物の昔の学名は “*Ruta foetida*(悪臭のするヘンルーダ)” でした。

南ヨーロッパの原産で、もとは乾燥した石灰質の荒れ地に生えていましたが、その後、大陸全域に広がり、フランス各地でみられます。茎の根元は木質で、60cm〜1mの高さに生長し、肉厚の葉は三角形をした複数の小葉に分かれ、半常緑です。夏になると、散房花序の黄色い花を咲かせますが、おもしろいことに、周辺部は花びらが4枚なのに対して、中心部では5枚あります。味はとても苦く、香りづけとして用いられていましたが、毒があり、堕胎薬として使用された過去があります。しかし、実際はヘンルーダの深刻な中毒症状の結果、堕胎に至ったようです。

この美しい植物は、魔術書(グリモワール)で高い人気を誇り、薬局でも重要な薬剤のひとつに数えられています。

RUE
RAUTE

サボンソウ

Saponaria officinalis

石けんのように泡立ち、しかも泡立ちがよいときています！実際、サボンソウにはサポニンという天然の界面活性成分が含まれているため、水に浸して揉むとそのような反応が起きるのです。珍しいだけでなく、実用性もあります。本当に、石けん（フランス語：savon）の代わりに使用されていて、数ある呼び名にもそれが表れています（石けん屋さん、石けんの草、サボネット……）。化学的に合成された洗剤や石けんの洗浄力には及ばないものの、繊細な生地や手を洗うにはもってこいで、髪にやさしい優れたシャンプーにもなります。

サボンソウはヨーロッパと西アジアの原産で、フランス各地に自生しています。おひさまの光が大好きで、斜面、道路の脇、溝、流れる水の岸辺でよくみかけます。多年草で、赤みを帯びた茎は40～60cmの草丈に生長し、細長い楕円形の葉は縦の葉脈がめだちます。淡いピンクの花には花びらが5枚あり、夜、甘やかな芳香を放ちます。このようにして蛾を引き寄せ、受粉を手伝ってもらうのですが、根茎でも繁殖します。根は植物全体で最もサポニンが含まれていて、乾かして砕けば粉末の洗剤になります。

Common Soapwort

SAPONARIA OFFICINALIS

セージ

Salvia officinalis

ギリシア神話の最高神ゼウスは、母親であるレアの母乳ではなく、アマルテイアという名のヤギの乳で育てられました。この牝ヤギがギリシアの丘で食んでいたとても香りのよい草、それがセージです。伝説によると、さわやかな香りが匂い立つこの飲みものは、若き神の子に類まれな力を授けたといわれています。このように、セージの効力は古代ギリシアの時代から知られており、たとえば、古代ローマの博物学者、大プリニウスは、セージによって記憶力が高まると書いています。またセージには強い防腐・抗菌作用があり、ペストにも効果を示しました。中世フランスで死体から金品を強奪し街道を荒らした強盗団が、セージ、タイム、ローズマリー、ラベンダーでつくった「4人の泥棒のヴィネガー」のおかげでペストに感染することなく泥棒を繰り返していた話は有名です。

この亜低木は株が木質で、茎は草質。50〜90cmの高さに生長し、植物全体に芳香があります。細長く先が尖った葉は常緑で、網目状に脈が走り、灰色がかっていて、表面に細かな毛が生えています。紫がかった青からライラック色のグラデーションが美しい長い花序をつけ、6月に開花して長いあいだ咲いています。

SAUGE
GENRE DES
LABIÉES STACHYOÏDÉES
SALVIA

ワイルドタイム

Thymus serpyllum

「ナデシコとハーブが甘く薫る私の庭で／夜明けの薄明がタイムの葉むらをしっとりと濡らすころ……」(『果樹園』)。かぐわしい香りを放つこの植物が、アンナ・ド・ノアイユ伯爵夫人の目に留まらぬはずはありませんでした。ワイルドタイムは、地表を這うようにして横に広がり、香りのよい緑の絨毯（じゅうたん）のごとく、とても密に葉を茂らせるのです。

学名の“*serpyllum*”はギリシア語の“herpyllos(這う)”から派生していて、地面を這うワイルドタイムは、茎が直立するコモンタイム(*Thymus vulgaris,*)とひとめで見分けがつきます。これら2種のタイムは香りも少し異なり、ワイルドタイムのほうがレモンの香りが強く感じられます。根元は木質で横向きに生長し、節から根が伸び、高さ10cmを超えることはありません。一般のタイムに比べると葉が大きめで、楕円形をしています。花は紫またはピンクで、小型の花序をつくり、6月から7月にかけて、彩りの美しい絨毯を広げたようにたくさん花を咲かせます。地中海沿岸の石灰質の荒れ地が原産で、フランス全域とヨーロッパの大半の地域に今でも大量に生えています。庭まわりの装飾やハーブとして栽培されることも多く、ゴウザンゴマシジミ(*Phengaris arion*)をはじめとする蝶たちのライフサイクルで重要な役割を果たしています。

LES PLANTES UTILES
SERPOLET

キンセンカ

Calendula officinalis

キンセンカは時期に関係なく咲いているわけではなく、毎月1日に開花するといわれています。いくらなんでもオーバーだといわれるかもしれませんが、キンセンカは花の咲く期間が長く、秋まき（春に開花）と春まき（夏と秋に開花）ができる限られた植物のひとつなのです。繁殖力が強いのはそのためで、さらに失敗を見越して3つの戦略で種をまく慎重さ。すなわち、ひとつの花が3種類の種子をつくるのです。いずれも痩果と呼ばれる乾燥した果実で、種子をひとつ含んでいます。ひとつめの実は小さくて硬く、直接地面に落ちます。2つめの実には鉤がいくつもあり、通りがかった動物の毛皮に付着して運んでもらいます。3つめの実は平らで、風にのって運ばれます。

キンセンカは短命（2〜3年の多年草または一年草）で、30〜50cmの草丈に生長します。濃い緑の葉はヘラのような細長い楕円形で、独特の香りがします。頭状花序をつくって咲く花は、朝に開いて夜に閉じます。南ヨーロッパの原産と考えられますが、ずっと以前から大陸全体で帰化しています。フランス全域でみられますが、一般に比較的まれです。

MARIGOLD
(CALENDULA OFFICINALIS)

ヨモギギク

Tanacetum vulgare

この植物は長寿の妙薬でしょうか？　伝説によると、ゼウスに愛された美少年ガニュメデスは、この植物のおかげで永遠の命を得ることができたのだとか。実際、学名の“*Tanacetum*”は、ギリシア語で「永遠」を意味する“athanatoia,”から派生しています。そのほか、古代には防腐剤として死体の保存に用いられていたことや、花の咲いている期間が長いことも関係しているようです。密集して咲く黄色い小さな花は夏の大半にわたって咲きつづけ、茶色くなるまで長く散房花序を保っています。多年草で、直立した茎は50cm〜1mの高さになり、シダに似て縁にギザギザのある薄い葉をつけます。葉は揉むことでとりわけ強い芳香を放ち、どんどん広がって大きな茂みをつくります。

ヨモギギクはヨーロッパからアジア、シベリアに至るまで広く自生しています。フランスでは、道ばた、流れる水の岸辺、開墾されていない荒れ地など各地でみかけますが、日当たりのよいことが条件です。葉の抽出液にはさまざまな害虫を寄せつけない効果があるとされ、今日、エコロジカルな園芸種として人気があります。また、葉で皮膚をこすると、蚊やダニに刺されないと評判です。

TANAISIE
GENRE DES COMPOSÉES
TANACETUM
VULGARE

セイヨウキンバイソウ

Trollius europeaus

セイヨウキンバイソウには、金色の球の別名があります。それというのも、花が完全に開くことはなく、球形のままだからです。そもそも、学名の"*Trollius*"は古いドイツ語の"trol(球)"から派生しています。

この多年草がみられるのは標高500〜2500mの山に限られ、美しく群生しているのをみかけることがあります。コーカサス山脈を含む中央/北部ヨーロッパが原産で、フランスではアルプス山脈、ジュラ山脈、ヴォージュ山脈、オーヴェルニュ、セヴェンヌ山脈、コルビエール山地、ピレネー山脈の、主として草原、放牧地、木のまばらな森などの湿った土を好んで自生しています。てのひら状に分かれ切込みの入った葉は深い緑色で、茎は20〜40cmの高さに直立し、先端に直径3〜5cmの明るい黄色の花を単生で咲かせます。*Chiastocheta*属のハエを介して受粉しますが、この親切な昆虫は同時にセイヨウキンバイソウに寄生し、幼虫は寄生先の種子を養分として成長するのです。したがって、寄生先の植物は子孫を残すべく、特別な対抗措置をとらざるをえません。すなわち、幼虫の数が増えすぎた場合、グリコシドという物質を分泌して、ハエによる悪影響を封じ、繁殖に必要なだけの種子を確保するのです。

FLEURS DES ALPES

Le Trolle d'Europe ou Boule d'or

フキタンポポ

Tussilago farfara

マーガレットのような頭状花序の黄色い花は、明らかにせっかちです。何故なら、むき出しの土地に小グループをつくって自生するこの植物は、冬の初め、茎の先に単生の花をつつましくつけるからです。けれども、これは潮のように押し寄せる葉むらの前兆で、この多年草は繁殖力がきわめて強く、地下に根茎をいくつも這わせて、地表に緑の絨毯を敷きつめます。葉はほぼ円形で、縁がいくらかギザギザしていて、表は濃い緑、裏は綿毛に覆われているため灰色がかってみえます。少々変わった葉の形は蹄(ひづめ)を思わせ、そのためフランスではロバの足跡とも呼ばれています。このように、フキタンポポは密に茂った葉むらで緑のマントさながらに地表を覆うので、いかなる競合種も太刀打ちできません。庭の風景を活気づけてはくれますが、ひとたび侵入されると、この植物を立ち退かせるのは並大抵のことではありません！

フキタンポポはヨーロッパ、アジア、北アフリカに広く分布し、フランス各地でみられます。先駆植物として、耕したばかりの土地、森の下草のあいだ、湿った土地に自生していますが、乾燥した土地だろうが日当たりが悪かろうが気にしないようです。咳止めの効能でも知られ、古代より去痰剤として用いられてきました。

7
6
9
8
5
1
2
3
4
A

セイヨウカノコソウ

Valeriana officinalis

セイヨウカノコソウは勇敢です。流れる水の岸辺、湿った牧草地などの涼しい場所がお好みですが、水はけのよい、いくらか乾燥した土地にも果敢に挑みます。しかし、学名の"*Valeriana*"は、このような植物の性質ではなく(ラテン語の"*valere*"には「勇敢な」の意味があります)、古代ローマの町"Valeria"から来ているのでしょう。ドイツ語やアラビア語が語源だったとしても不思議ではありません!

地中海沿岸を除くフランス全域でみられるこの多年草は、春に芽を出してロゼットを形成します。葉は切込みがあって縁がギザギザの小葉から成り、茎の断面は丸く、縦に溝が入り、なかは空洞です。上にいくにしたがって枝分かれし、草丈が1mを超えることも珍しくありません。5月に白またはピンクの輝かんばかりの花序をつけ、蜜がたっぷりの花は特徴的なおいしそうな香りを放って、ミツバチや蝶を招き寄せます。昆虫だけではありません。猫も、いくつかに枝分かれした根茎が大好き。とりわけ乾燥させた根の匂いを嗅ぐと、なんとも幸せな気分になるようで、フランスで、猫の草と呼ばれているのはそのためです。また、この至福の香りは悪魔を追い払ってくれるのだとか。その魅惑の力を信じようと信じまいと、香りかぐわしきセイヨウカノコソウをぜひあなたの庭に植えてみてください。

VALERIAN.

クマツヅラ

Verbena officinalis

クマツヅラこそ、愛の妙薬に欠かせない最高の素材。魔術書にいくつかレシピが載っていますが、噂によると、乾燥させたクマツヅラの入った小袋を首から下げるだけで、意中の男性(または女性)の心を射止めることができるのだとか。それなのに、ローマ人によってヴィーナスに捧げられたというこの多年草は、つつましやかでめだたず、直立した茎の高さは30〜70cmほど。対になった楕円形の葉は、深い切込みがあって縁がギザギザです。枝先に、青またはライラック色の小さな花が連なる穂状の花序をつけます。

ヨーロッパ、アジア、北アフリカの原産で、フランス全域の瓦礫、道ばた、民家付近の荒れ地に自生していますが、あまり乾燥していない、肥沃で日当たりのよい土壌を好むようです。昔から、数々の薬効により薬草として高く評価されてきました。そのため、あらゆる病気に効く万能の草の異名もあります。他方、魔術師の草とも呼ばれているのは、ローマの大プリニウスが書いているように、ガリア人たちがクマツヅラを使って未来を予言していたからでしょう。

VERVEINE
GENRE DES
VERBÉNACÉES VERBÉNÉES
VERBENA

もっと知りたい人のために

Machon, Nathalie et Motard, Eric, Sauvages de ma rue guide des plantes sauvages des villes de France, Le Passage, 2012.

Machon, Nathalie, et Machon, Danielle, A la cueillette des plantes sauvages utiles, Dunod, 2013.

Rameau, Jean-Claude, et Dume, Gerard, Flore forestiere francaise : guide ecologique illustre, 3 vol., Institut pour le developpement forestier, 1989-2008.

Reille, Maurice, Dictionnaire visuel de botanique, Ulmer, 2014.

Streeter, David, Guide Delachaux des fleurs de France et d'Europe, Delachaux et Niestle, 2011.

Thomas, Regis, Busti, David et Maillart, Margarethe, Petite Flore de France : Belgique, Luxembourg, Suisse, Belin, 2016.

Tison, Jean-Marc et Foucault, Bruno de (dir.), Flora Gallica : flore de France, Biotope Editions, 2014.

Bonnier, Gaston et Douin, Robert, La Grande Flore en couleurs, Belin, 1990.

Botineau, Michel, Guide des plantes toxiques et allergisantes, Belin, 2011.

Couplan, Francois, Les Plantes sauvages comestibles et toxiques, Delachaux, 2013.

Danton, Philippe, Baffray, Michel et Reduron, Jean-Pierre, Inventaire des plantes protegees en France, Nathan, 2005.

Eyssartier, Guillaume et Guillot, Gerard, L'Indispensable Guide de l'amoureux des fleurs sauvages, Belin, 2016.

Favennec, Jean (dir.), Guide de la flore des dunes littorales : de la Bretagne au sud des Landes, Sud-Ouest, 2017.

Fitter, Richard, Fitter, Alastair et Farrer, Ann, Guide des graminees, carex, joncs et fougeres : toutes les herbes d'Europe, Delachaux et Niestle, 2009.

Fournier, Paul-Victor, Dictionnaire des plantes medicinales et veneneuses de France, Omnibus, 2010.

Jauzein, Philippe et Nawrot, Olivier, Flore d'Ile-de-France, 2 vol., Qua, 2011-2013.

Laporte, Florence, Les Plantes des druides : symbolisme, pouvoirs magiques et recettes de la tradition celtique, Rustica, 2017.

引用文献

『寓話(上)』
(ラ・フォンテーヌ著、今野一雄訳、岩波文庫、1972年)

『シェイクスピア全集1 ハムレット』
(ウィリアム・シェイクスピア著、松岡和子訳、ちくま文庫、1996年)

シリーズ本　好評発売中！

ちいさな手のひら事典

ねこ

ブリジット・ビュラール＝コルドー 著

ISBN978-4-7661-2897-0

ちいさな手のひら事典

きのこ

ミリアム・ブラン 著

ISBN978-4-7661-2898-7

ちいさな手のひら事典

天使

ニコル・マッソン 著

ISBN978-4-7661-3109-3

ちいさな手のひら事典

とり

アンヌ・ジャンケリオヴィッチ 著

ISBN978-4-7661-3108-6

ちいさな手のひら事典

バラ

ミシェル・ボーヴェ 著

ISBN978-4-7661-3296-0

ちいさな手のひら事典

魔女

ドミニク・フゥフェル 著

ISBN978-4-7661-3432-2

ちいさな手のひら事典

薬草

エリザベート・トロティニョン 著

ISBN978-4-7661-3492-6

ちいさな手のひら事典

月

ブリジット・ビュラール＝コルドー 著

ISBN978-4-7661-3525-1

ちいさな手のひら事典

子ねこ

ドミニク・フゥフェル 著

ISBN978-4-7661-3523-7

ちいさな手のひら事典

花言葉

ナタリー・シャイン 著

ISBN978-4-7661-3524-4

ちいさな手のひら事典

マリー・アントワネット

ドミニク・フゥフェル 著

ISBN978-4-7661-3526-8

ちいさな手のひら事典

おとぎ話

ジャン・ティフォン 著

ISBN978-4-7661-3590-9

ちいさな手のひら事典

占星術

ファビエンヌ・タンティ 著

ISBN978-4-7661-3589-3

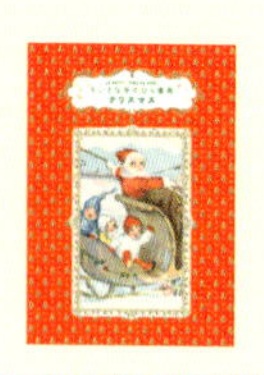

ちいさな手のひら事典

クリスマス

ドミニク・フゥフェル 著

ISBN978-4-7661-3639-5

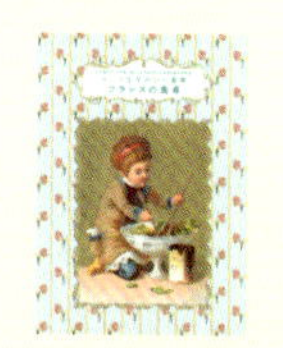

ちいさな手のひら事典

フランスの食卓

ディアーヌ・ヴァニエ 著

ISBN978-4-7661-3760-6

ちいさな手のひら事典

幸運を呼ぶもの

ヴェロニク・バロー 著

ISBN978-4-7661-3830-6

LE PETIT LIVRE DES PLANTES SAUVAGES

Toutes les images proviennent de la collection privée
des Éditions du Chêne.
Couverture : Plat I © Florilegius / Leemage ;
fond © Éditions du Chêne.

Directrice générale : Fabienne Kriegel
Responsable éditoriale : Laurence Lehoux
avec la collaboration de Franck Friès
Suivi éditorial : Sandrine Rosenberg
Direction artistique : Sabine Houplain
assistée de Claire Panel et Élodie Palumbo
Lecture-correction : Valérie Nigdélian
Fabrication : Marion Lance
Mise en pages et photogravure : CGI
Partenariats et ventes directes : Ebru Kececi
ekececi@hachette-livre.fr
Relations presse : Hélène Maurice
hmaurice@hachette-livre.fr

This Japanese edition was produced and published in Japan in 2025
by Graphic-sha Publishing Co., Ltd.
1-14-17 Kudankita, Chiyodaku,
Tokyo 102-0073, Japan

JISBN 978-4-7661-3988-4 C0076
Printed in China

著者プロフィール

ミシェル・ボーヴェ

自然、植物学、ガーデニングをこよなく愛し、有機野菜、バラ、多年草の育て方や庭のデザインのほか、自然の散策やアウトドアに至るまで、幅広いジャンルにわたる著作がある。日本では、『ちいさな手のひら事典　バラ』が翻訳出版されている。

ちいさな手のひら事典 **野に咲く草花**

2025年4月25日　初版第1刷発行

著者　ミシェル・ボーヴェ(©Michel Beauvais)
発行者　津田淳子
発行所　株式会社グラフィック社
102-0073 東京都千代田区九段北1-14-17
Phone:03-3263-4318　Fax:03-3263-5297
https://www.graphicsha.co.jp

制作スタッフ
翻訳:いぶきけい
組版・カバーデザイン:杉本瑠美
編集:前野有香
制作・進行:南條涼子(グラフィック社)

ISBN978-4-7661-3988-4 C0076
Printed in China